マルチクラウド 時代の
リスクマネジメント入門

KPMG コンサルティング　著

本書内容に関するお問い合わせについて

このたびは翔泳社の書籍をお買い上げいただき、誠にありがとうございます。弊社では、読者の皆様からのお問い合わせに適切に対応させていただくため、以下のガイドラインへのご協力をお願い致しております。下記項目をお読みいただき、手順に従ってお問い合わせください。

●ご質問される前に

弊社Webサイトの「正誤表」をご参照ください。これまでに判明した正誤や追加情報を掲載しています。

正誤表　https://www.shoeisha.co.jp/book/errata/

●ご質問方法

弊社Webサイトの「書籍に関するお問い合わせ」をご利用ください。

書籍に関するお問い合わせ　https://www.shoeisha.co.jp/book/qa/

インターネットをご利用でない場合は、FAXまたは郵便にて、下記"翔泳社 愛読者サービスセンター"までお問い合わせください。
電話でのご質問は、お受けしておりません。

●回答について

回答は、ご質問いただいた手段によってご返事申し上げます。ご質問の内容によっては、回答に数日ないしはそれ以上の期間を要する場合があります。

●ご質問に際してのご注意

本書の対象を越えるもの、記述個所を特定されないもの、また読者固有の環境に起因するご質問等にはお答えできませんので、予めご了承ください。

●郵便物送付先およびFAX番号

送付先住所　〒160-0006　東京都新宿区舟町5
FAX番号　　03-5362-3818
宛先　　　　（株）翔泳社 愛読者サービスセンター

※本書に記載されたURL等は予告なく変更される場合があります。
※本書の出版にあたっては正確な記述に努めましたが、著者および出版社のいずれも、本書の内容に対してなんらかの保証をするものではなく、内容やサンプルに基づくいかなる運用結果に関してもいっさいの責任を負いません。
※本書に記載されているサンプルプログラムやスクリプト、および実行結果を記した画面イメージなどは、特定の設定に基づいた環境にて再現される一例です。

※本書に記載されている会社名、製品名はそれぞれ各社の商標および登録商標です。
※本書では™、®、©は割愛させていただいております。

目次

はじめに   **7**

第1章 クラウド登場から10余年、日本企業のクラウド導入状況はどうなっている？   **9**

国内企業におけるクラウド導入の動向   10
  1. 全体的なクラウド導入の状況   10
  2. 企業種別を踏まえたクラウド導入の状況   11
企業はどんな種類のクラウドサービスを利用しているのか   12
  サービス種類別のクラウド利用状況   12
クラウド導入にリスクマネジメントの視点は不可欠   12
  1. 全社を挙げての推進について   12
  2. 特定のクラウド（ベンダー）への依拠について   14
第1章のまとめ   14

第2章 いまだ払拭しきれないクラウドに抱く"不安の正体"とは？   **17**

そもそも、クラウドサービスとは？   18
企業がクラウドサービスに対して抱く不安の正体   19
その不安は正しいのか？   21
  1. セキュリティに対する不安   21
  2. サービス品質に対する不安   23
  3. ベンダーによるサポートに対する不安   23
第2章のまとめ   24

第3章 その責任はクラウドサービスベンダー側？ それとも企業側？ クラウドサービスの「責任分界点」を改めて整理してみよう   **25**

クラウドサービスモデルと責任分界点   26
  1. クラウドサービスモデル   26
  2. クラウドサービスモデルの特徴と管理主体   27
責任分界点について特に留意すべき領域・対象   28
  1. 各サービスモデルにおける責任分界点の基本的考え方   28
  2. 責任分界点を論じるうえでの観点（SDLC）   29
運用プロセスにおける責任分界点を踏まえた企業の実施事項   29
第3章のまとめ   31

第4章 その契約内容で本当に大丈夫ですか？ 導入企業が必ず注意しておきたいクラウドサービス契約上のポイント   **33**

クラウドサービス契約の傾向とアプローチ   34

1. クラウドサービスの契約形態	34
2. 契約内容を調整するうえでの基本的アプローチ	35
クラウドサービス契約で意識すべきリスク	36
1. クラウドサービス上のリスクを検討するうえで有用なガイドライン	36
2. 特に意識すべきリスク	36
クラウドサービス契約内容の調整ポイント	37
1. クラウド利用のリスクと契約内容の調整ポイント	37
2. クラウドサービス利用判断としての活用	39
第4章のまとめ	40

第5章　GDPR、個人情報保護法…クラウドサービスを 取り巻く国内外の法規制とリスク対応　41

クラウドを取り巻く法規制リスク	42
個人情報保護規制の動向	43
クラウドサービス利用時に考慮すべき個人情報保護規制	44
【例1】クラウドを利用・構築して企業の顧客管理システムを運用している場合	45
【例2】クラウドを利用したアクセス解析サービスを利用している場合	47
法規制リスクへの対応	47
第5章のまとめ	48

第6章　対岸の火事ではない！クラウドサービス利用で 起こりうる事故とは？　49

事故発生の観点から見る、クラウドサービス利用の主な特徴	50
クラウドサービス利用企業におけるクラウド推進の主体者	50
クラウドサービスの導入単位	51
クラウドサービス利用において、事故防止の観点から対策すべきこと	51
【例1】クラウドサービスベンダー側の作業ミス	51
解説	52
【例2】クラウド環境と既存オンプレミス環境とのデータ連携ミス	52
解説	53
第6章のまとめ	53

第7章　クラウドのメリットを最大限に活かすための留意点　55

クラウド活用の主要な目的（投資理由）	56
目的ごとに見るクラウド活用事例と留意すべきポイント	58
1. 可用性や柔軟性の強化／俊敏性や即応性の強化	58
2. 製品イノベーションの加速	59
3. ベストソリューションの選択	60
4. コスト削減	60

4

第7章のまとめ	61

第8章　障害対応の長期化、セキュリティ、サービス管理の複雑化……マルチクラウド環境で想定されるリスクへの対応法　63

マルチクラウドを採用する企業のメリット	64
1. 最適化	65
2. 分散化	66
マルチクラウド環境において想定されるリスク	67
1. 運用の複雑化	67
2. 障害対応の長期化	68
3. セキュリティ管理の煩雑化	68
4. クラウドサービス管理の複雑化	68
マルチクラウド環境で想定されるリスクへの対応	69
1. 運用の複雑化への対応	69
2. 障害対応の長期化への対応	70
3. セキュリティ管理の煩雑化への対応	70
4. クラウドサービス管理の複雑化への対応	71
第8章のまとめ	71

第9章　経営層から「クラウドで大丈夫か？」と聞かれたらどう答えるべき？　73

経営層から「クラウドで大丈夫か？」と聞かれたら	74
Q：クラウド環境を利用することによってどの程度のコストメリットがあるのか？	74
回答例	75
Q：クラウド環境を使うとなった場合、既存のシステムやデータセンターはどうするのか？	76
回答例	76
Q：クラウド環境を使う場合、今の要員・体制で対応できるのか？	77
回答例	77
Q：自社の重要な情報を、クラウドに預けても大丈夫なのか？	78
機密性と完全性	78
回答例	79
可用性	79
回答例	80
第9章のまとめ	81

5

第10章　クラウドを利用しないことがリスクになる時代！ リスクを正しく理解し、積極的に使いこなす　　83

クラウドサービス利活用上のリスク　　84
　1. クラウドサービスに係るリスク領域（概要）　　84
　2. クラウドサービスに係る各リスク領域について　　85
クラウドサービスのリスク評価　　87
　1. クラウドサービスのリスク評価（実施タイミング）　　87
　2. クラウドサービスのリスク評価（実施者、実施方法）　　89
第10章および本書のまとめ　　90

執筆者一覧　　93

はじめに

　この原稿を執筆している今現在、クラウドという言葉、概念、サービスは完全に市民権を獲得し、企業においてクラウドを積極的に導入・利用推進している状況が目新しいものではなくなっています。クラウドとは何か、クラウドを導入するメリットは何か、クラウド導入に欠かせない技術手法は何か、そのような推進・活用方法については企業の中で一通りの整理を実施中、ないしは終わっている状況ではないでしょうか。

　一方、本書の表題に興味を示していただいた方にはお分かりかもしれませんが、「マルチクラウド」と「リスクマネジメント」という2つのキーワードでクラウドを捉えた場合、企業において課題が山積していると考えます。この2つの観点は、クラウドを積極的に推進していくうえで、欠かせない要素となっています。

　まずは「マルチクラウド」。単純に1つのクラウドサービスベンダーのみを使用し続ける、もしくはIaaS/PaaS/SaaSのうち1つの型のクラウドサービスのみを使用し続ける、そのような状況であれば考慮は不要ですが、実務面では、複数のクラウドサービスを特徴に応じて「良い所取り」することが多く、さらに、オンプレミスのシステムも含めた、全社IT基盤の「最適化」の概念も必要となるため、対応のハードルが高くなっています。

　そして「リスクマネジメント」。本書内でも"不安"というキーワードがよく出てきますが、やはり経営層、担当者、関連当局、関係会社それぞれにとって、クラウドの利活用を推進していくことに漠然とした不安を感じているケースが多い印象を受けます。そしてその不安はおそらく一部当たっており、クラウドを利用する際には特有のリスクが内在しています。そのため、検討せずに進めると、企業にとって後々大きな問題となる要因となります（逆に、必要以上にリスクを懸念し、推進を阻害する要因にもなっています）。

本書では、「マルチクラウド」を意識しつつ、クラウドを利活用するうえで主に検討すべき「リスクマネジメント」の在り方について広く言及しています。全体像としては第 1 章と第10章に要旨がまとまっていますので、お時間のない方はまずはこちらをご確認いただき、各トピックの章はお悩みの分野が明確である場合に、個別にお読みいただくといった使用もできるかと思います。

『攻めだけではなく守りもしっかり固めて、クラウドの利活用をさらに加速していく』

　本書がそのための一助になりましたら幸いです。

2019年 3 月
宮脇篤史

第1章

クラウド登場から10余年、
日本企業のクラウド導入状況は
どうなっている？

クラウドコンピューティング（以下、クラウド）という言葉が世の中に出始めてから10年あまりが経過しました。クラウドの技術は年々進化し、活用する企業も増え、これからもさらなる拡大が見込まれています。ここにきて第2の隆盛期を迎えたと言っても良いと思います。本章では企業がクラウドをどのように活用しているか（活用しようとしているか）を紹介したうえで、企業が直面している課題およびその解決に向けた方向性を示します。

国内企業におけるクラウド導入の動向

1. 全体的なクラウド導入の状況

　企業においてクラウドの導入が推進されていることは、各種調査の結果からも明らかになっています。

　KPMGが世界86か国、総勢4498名のITリーダーを対象に調査した結果「HARVEY NASH/KPMG 2017年度CIO調査」によると、今後1年～3年以内でクラウドに投資を行う計画を立てている企業は8割以上に上ります（図表1）。

	投資額（小）／投資していない	投資額（中）	投資額（大）
今後1年～3年間のIaaS投資計画	17%	45%	38%
今後1年～3年間のPaaS投資計画	18%	49%	33%
今後1年～3年間のSaaS投資計画	9%	42%	49%

図表1：クラウドサービス（IaaS、PaaS、SaaS）への投資計画（今後1年～3年間の計画）
※投資額の大小判定については、各企業の定性的主観による回答
出典：HARVEY NASH/KPMG 2017年度CIO調査

　国内での調査結果にも目を向けてみます。総務省が毎年発行している情報通信白書の「企業におけるクラウドサービスの利用動向（平成29年版）」によると、一部でもクラウドサービスを利用していると回答した企

業の割合は46.9％に上るとのことです。これは2016年時点の調査結果ですので、現在は、より拡大が進んでいることが予想されます。

2. 企業種別を踏まえたクラウド導入の状況

　続いて、どのような企業がクラウドを積極的に導入しているのかについて解説します。

　まず、システムの構築に十分な時間とコストをかけられないような企業、例えば、スタートアップの企業などが挙げられます。短期間・低コスト（従量課金による合理的なコスト）でシステム（基盤含む）を導入できるクラウドとの親和性は高いと言えます。

　また、システムそのものが他社との差別化要因にならないような企業でも導入が進んでいます。コンテンツの中身で勝負するマルチメディア業界などが一例です。

　一方、社会インフラを担う企業やすでに大規模なシステム化が進んでいる企業については、クラウドの本格導入はこれからという段階です。社会インフラを担う企業のシステムには高い可用性が求められるものも多く含まれ、クラウドがそれに耐えられるかという懸念が発生していました。

　大規模なシステム化が進んでいる企業については、オンプレミスからクラウドに移行するという大きな課題に直面することになり、企業インフラの在り方、ひいては企業戦略そのものについて考慮する必要がありました。ただそれでも現在は、ほぼ全ての企業が規模の差こそあれクラウドの導入を実施ないし検討しています。特に金融機関については、多くの企業でクラウドの導入がオンゴーイングで推進されている状況です。

11

企業はどんな種類のクラウドサービスを利用しているのか

サービス種類別のクラウド利用状況

　具体的にどのようなサービスの利用が比較的多いのかについて解説します。

　先述した情報通信白書の「企業におけるクラウドサービスの利用動向（平成29年版）」によると、「電子メール」「ファイル保管・データ共有」が50％超えで最も多く、以下「サーバ利用」「社内情報共有・ポータル」「スケジュール共有」「データバックアップ」「給与、財務会計、人事」と続きます。

　「サーバ利用」については様々な解釈があるので除外しますが、総じてアプリケーションとしてのサービス利用（SaaS型）に該当するものが多いです。これらは個社ごとの特性や差異が出づらい領域であり、業種・業態を問わず広く利用されています。

　一方で企業基盤としての利用（IaaS型）やプラットフォームとしての利用（PaaS型）については、軒並み10％以下にとどまり、比較的利用が進んでいないことが読み取れます。これは、先述した通り、その導入による影響範囲が広ければ広いほど検討すべき課題も多く、社内での意思統一に一定の時間がかかることが理由として大きいと考えます。

クラウド導入にリスクマネジメントの視点は不可欠

1．全社を挙げての推進について

　先述の通り、クラウドの導入推進、特にIaaS型、PaaS型のサービスについては影響範囲が広く、関係者（関係部門）も多いため、意思統一を図る

ことは容易ではありません。ここでは「実装部門」「推進部門」「リスク管理部門」の３つに大別し、整理したうえで解説します（図表２）。

定義する部門名	具体的な対象（例）	担うべき役割（例）
推進部門	「経営企画部」「IT企画部」といった "ビジネス戦略部門"	全体方針／ロードマップ策定等、クラウド導入を戦略的に推進していく役割
実装部門	「システム開発部」「各種ユーザ部」といった "開発部門／利用部門"	開発手法や利用方法の検討等、クラウドをビジネスに実装していく役割
リスク管理部門	「（システム）リスク管理部」「情報セキュリティ管理部」といった "リスク管理部門"	クラウド導入時におけるリスクを識別し、最小化するための各種ルールの整備や点検を行う役割

図表２：クラウド導入に係る各部門の役割（例）

　「実装部門」は実際にクラウドを構築・導入する部門であり、クラウド導入の検討を最初にはじめるのは大方こちらとなります。一方、「推進部門」は全社的なクラウド推進を担当する部門です。当部門の関与がないと、実装部門がバラバラに主導した個別最適化されたクラウド導入が図られ、会社全体としてクラウド導入のメリットを最大限に享受することが難しくなります。

　「リスク管理部門」は、クラウドを活用するうえでのリスクをチェックし、その最小化を担当する部門です。当部門の関与がないと、クラウドを起因とした事件・事故の発生を未然に防げなかったり、ステークホルダーへの対外説明責任を果たすことが難しくなったりします。

　実装部門を中心としたボトムアップであれ、推進部門を中心としたトップダウンであれ、最終的にはこれら部門が連携・協力しなければ、クラウド導入の推進は果たせません。どこか１つだけが強力に推進したとしても、どこかのタイミングで「ひっくり返され」「スタートに戻る」という結果になりかねません。

　そのため、これらの関係部門が連携した形での導入推進が図られることになりますが、各部門間で情報格差があり、同じ目線での会話が成立しづらいという問題が発生します。各部門が目的や情報を共有し、いずれの部

門も例外なく積極的な研修参加等を通して知識を吸収し、そのうえで意見をすりあわせながら推進する必要があります。特にリスク管理部門は概ね他のタスクも抱えながらの関与になるため、負荷が大きいものかと思います。

　一方、本書でもこれから言及していく通り、クラウド導入にリスクマネジメントの視点は不可欠と考えます。そのため、戦略的かつ計画的にリスク管理部門の関与がなされる導入推進体制について整備することを推奨します。

▌2．特定のクラウド（ベンダー）への依拠について

　もう1つ大きな課題として挙げられるのは、クラウドに切り替えた場合、従来のオンプレミス型に戻すのは容易ではないということです。物理的なコストももちろん懸念材料ですが、クラウド（ベンダー）への切り替え・依拠が進むことで社内のシステム人員の削減やノウハウの消失、「元の体制に戻ることができない」という懸念が発生します。オンプレミスに戻す可能性がどれほどあるかという話にもなりますが、予期せぬクラウドサービスベンダーの撤退や縮退、突然の価格上昇や関連規制の強化など、全く可能性がないというわけではありません。

　一方でクラウド（ベンダー）にはサービスごとに特徴があるので、1つに絞ってスケールメリットを追求していくというアプローチのほかに、あえて複数のクラウドを組み合わせて「良い所取りをする（最適化する）」というアプローチも考えられます。これをマルチクラウドと定義しますが、これには先に述べた「1つのクラウド（ベンダー）に依拠し切り替えができなくなるリスク」を軽減する効果もあります。

第1章のまとめ

　クラウド導入、それもSaaS型だけではなく、IaaS型、PaaS型といったより全社的な取り組みへの発展が進んでいることについて言及してきました。ただしそれは、全てのオンプレミスのシステムをクラウドに切り替え

14

るということ（切り替えるべきということ）を意味しているわけではありません。

　クラウドには特有のリスクがあり、一概に全てのシステムがクラウドに移行できると断定することは困難です。各企業においては、オンプレミスとクラウド、クラウドであっても対象のベンダーやサービスなどを複数組み合わせて検討していくことが求められてきます。

　次章からは、先述した「マルチクラウド」と「リスクマネジメント」、これら2つの切り口を意識しながら、クラウド導入のポイントについて解説していきます。

第2章

いまだ払拭しきれないクラウドに抱く"不安の正体"とは？

前章では、日本企業のクラウドサービス（本章ではクラウド、クラウドコンピューティング、クラウドサービス等を総称しクラウドサービスと記述する）の導入状況について紹介しました。しかしながら、クラウドサービスという言葉が広く使用されるようになり、クラウドサービスの利用が拡大している現在でも、利用については多くの企業が依然として不安を抱いている状況があります。本章では、そもそもクラウドサービスとはどのようなものであり、どのような特徴があるのか、また、企業がクラウドサービスに対して抱いている不安が正しいものであるのかを説明します。

そもそも、クラウドサービスとは？

　「クラウド」「クラウドコンピューティング」「クラウドサービス」等、様々な呼称が存在するものの、今やクラウドサービスという言葉・サービスはITに関連した業務に従事していない人にもなじみがあるものであり、一般的になったと言っても差支えないと思われます。

　しかしながら、クラウドサービスとはそもそもどのようなサービスなのでしょうか？ 各種の団体や省庁がクラウドサービスの定義を行っていますが、そのような定義も踏まえてクラウドサービスを一言で表せば、次のようになると考えます。

　　サービス利用者がネットワーク経由でクラウドサービスに接続可能な環境さえあれば、「どこで」「どのように」サービスが提供されているかを意識することなく、必要な時に、必要な量のサービスが利用可能なもの。

　それゆえに、ビジネスでクラウドサービスを利用する際には、オンプレミスと比較して、次のようなメリットがあることが知られています。

	クラウドサービス	オンプレミス
IT資産	資産を保有することなく、利用費を費用として計上可能	サーバやNW機器等を資産として保有し、償却が発生
初期費用	低額	高額
インフラの調達	即時	数週間〜数か月
使用リソースの変更	設定の変更により即時可能	ハードの入れ替え等、時間とコストが必要

図表1：クラウドサービスとオンプレミスの比較

　一方で「どこで」「どのように」サービスが提供されているか意識する必要がない故に、オンプレミスのシステムを利用していた際には、自明あるいは社内に問い合わせれば識別可能であった、次のような情報が、クラウドサービスを利用する際には分からない可能性があります。

項目	オンプレミスの場合の一般的な例
データセンターのロケーション	・ 自社保有データセンターに機器を設置している場合は自社データセンター ・ ホスティングサービスを利用している場合には契約しているデータセンター
運用手順	自社が定めた運用手順書
セキュリティ管理	自社のセキュリティスタンダードや各種手順に従った運用の実施
問題発生時の対応	自社のIT部門および外部委託先により、自社の障害管理手続や手順書に従い、復旧まで対応
ハードウェアベンダー等のサポート	自社が締結したサポート契約の内容に応じたサポート

図表2：オンプレミスでは識別可能な情報

企業がクラウドサービスに対して抱く不安の正体

　「どこで」「どのように」サービスが提供されているか分からなければ、利用企業の立場からすれば、様々な疑問や不安を抱くことは自然なことです。特に、金融などの規制業種の場合には、どのような管理態勢でシステムが運用されているのか分からなければ、自社でクラウドサービスを使うことに対して懸念を抱かざるをえません。

ここでは、企業が抱く不安要素として比較的大きいと思われる、（1）「セキュリティ」、（2）「サービス品質」、（3）「ベンダーによるサポート」について論じていきます。クラウドサービス利用に関する各種の調査が毎年のように行われていますが、クラウドサービスを利用しない理由やクラウドサービスに対する不安として、これらは必ず含まれています。

　「セキュリティ」に関しては、重要データを自社管理することなくクラウドサービスベンダーに預けることにより、セキュリティ管理が十分に行われず、情報漏洩のリスクが高まるのではないか、他社とリソースを共有してもクラウドサービスベンダーによる管理は適切に行われるのか、といった不安が想定されます。

　また、システムの運用自体をクラウドサービスベンダーに任せるため、システムは安定的に稼働するのか、障害や問題発生時にクラウドサービスベンダーのサポートは十分に受けられるのか、また、当該クラウドサービスベンダーのサービス撤退リスクはないか、といった懸念が「サービス品質」に対する不安や「ベンダーによるサポート」に対する不安につながっていると言えます。

　なお、総務省が発行している「平成28年 通信利用動向調査報告書（企業編）」によれば、クラウドサービスを利用しない理由としては、「必要がない」が47.2％と最も高く、次いで「情報漏洩などセキュリティに不安がある」（35.4％）とされています。過去の調査結果を見ても、「必要がない」という理由を除けば、セキュリティに対する不安は常に利用しない理由の1位とされており、クラウドサービスを利用する企業が以前より大きく増加しても、企業がセキュリティ面に不安を抱いている状況には変化がないことが見てとれます。

平成22年	平成23年	平成24年	平成25年	平成26年	平成27年	平成28年
37.9	33.7	34	36.8	33.7	37.9	35.4

図表3：「クラウドを利用しない理由」への回答項目から、「情報漏洩などセキュリティに不安がある」の各年の結果を抜粋

その不安は正しいのか？

1. セキュリティに対する不安

　前述の通り、クラウドサービス利用にあたっては多くの企業がセキュリティを不安視しています。しかし、この不安はクラウドサービスに特有のものと言えるでしょうか？

　例えば外部のデータセンターのホスティングサービスを利用する場合、物理セキュリティは少なくともデータセンターの運用業者に依拠することになりますし、オペレーションサービスを利用している場合にはオペレータが機密データにアクセスできる可能性もあり、全てを自社で管理できるわけではありません。また、ASPサービス（クラウドサービスで言えばSaaS）を利用する場合にはデータはベンダー管理のデータベースに格納されるため、自社が管理できる部分はさらに限られます。

　一方、クラウドサービスにおいても、クラウドサービスベンダーに依存する部分と自社で管理する部分が存在します。例えばIaaSを利用する場合には、機器が設置されたデータセンター、機器自体、仮想化ソフトまではクラウドサービスベンダーに管理責任があるとしますが、OS、ミドルウェア、アプリケーション等に関する管理の責任は自社で負うことになります。このような責任の分担について、クラウドサービスベンダーは利用企業とクラウドサービスベンダーの責任の分担をそれぞれ明確にしています。

　したがって、ベンダーが管理する範囲に差は生じるものの、クラウドサービスを利用する場合であっても、その他の外部のサービスを利用する場合であっても、ベンダーと自社の責任範囲を認識する必要があり、ベンダー側のセキュリティ対策も把握しなければならないという意味では、クラウドサービスに特有の事象ではありません。もちろん、自社の責任範囲については何らかの統制を自社で運用する必要があります。

　なお、大手のクラウドサービスベンダーの場合、責任範囲とされた領域でどのような対策を実施しているかといった取り組みについて、自社の

21

ウェブサイトで積極的に情報発信を行っています。その情報には、自社の
データセンターやセキュリティに関する情報も含まれます。

　各クラウドサービスベンダーもセキュリティやコンプライアンスには大
きな投資をしており、例えば公的認証の取得、監査法人／会計事務所によ
る各種の保証報告書の入手を行っており、それらの情報を自社のサイトで
公表しています。具体的には次のような認証・報告書になります。

認証／報告書名	概要
ISO/IEC 27018:2014	Ø ISOが2014年に発行したクラウド環境における個人情報保護に関する国際規格 Ø 情報セキュリティ規格であるISO/IEC 27002をベースとして、クラウド上で取り扱われる個人情報を保護するための追加管理策を規定
CSA(Cloud Security Alliance) STAR	非営利団体であるCloud Security Allianceがクラウドのセキュリティに関するベストプラクティスをガイダンスという形で公開しており、それらに基づくクラウドベンダーのセキュリティ対応状況についての評価・認証の一つ。
PCI DSS(Payment Card Industry Data Security Standard)	Ø クレジットカード会員の情報を保護することを目的に定められた、クレジットカード業界の情報セキュリティ基準 Ø クレジットカード会社以外にもカード情報を保存・処理・転送するエンティティは準拠する必要あり
SOC(System and Organization Controls)1	Ø 米国の公認会計士協会の基準に基づく報告書 Ø 財務諸表に係る重要な虚偽表示リスクの評価に利用 　（＝会計監査での利用）
SOC2	Ø SOC1と同様に米国の公認会計士協会の基準に基づく報告書 Ø 報告書には内部統制の記述、監査人の実施した手続と結果が含まれる Ø 下記Trustサービスの原則のいずれかに関する内部統制に対する保証 　　セキュリティ 　　可用性 　　処理のインテグリティ 　　機密保持 　　プライバシー
SOC3	Ø 内容はSOC2と同様 Ø 報告書は一般に公開可能なものの、報告書に含まれるのは結論と概要が記載されたサマリーのみ

図表4：認証／報告書の例

2. サービス品質に対する不安

　自社にとって重要な業務をクラウドサービスに移行しようとすれば、自社が利用するクラウドサービスが安定して稼働するのか不安に思うのは当然であると言えます。しかしながら、セキュリティと同様に、通常の外部サービス、特にASPサービスを利用する場合であっても、サービスが安定して受けられるかどうかは利用を決定するうえでの重要な検討ポイントになるはずです。

　したがって、稼働の安定性（＝可用性）については、通常の外部サービスと同様にSLAで設定された目標値が１つの指標となります。ただし、クラウドサービスに関するSLAは通常想定されるSLAに比べて適用条件が特殊なこともあるため、契約書や仕様書での十分な確認が必要となります。

　また、クラウドサービスベンダーがSLAを設定しているとはいえ、それはクラウドサービスベンダーがサービスを提供している範囲に限られるので、耐障害性を考慮したシステム構成の検討や設計は利用企業の責任で行う必要がある点も重要です。

3. ベンダーによるサポートに対する不安

　システム運用の大部分をクラウドサービスベンダーに委ねるため、どの程度のサポートが受けられるのかは事前に確認が必要であることには間違いありません。特に障害や問題の発生時について、障害対応が可能な時間や、クラウドサービスベンダーが原因調査を行う範囲等に関する取り決めが不明確なままでは、企業は安心してクラウドサービスを利用できません。

　大手のクラウドサービスベンダーは複数のサポートプランを準備しており、サポートの内容や障害時の応答時間目標によって料金も変わるので、自社にとって必要となるサポートが得られるプランかどうかの検討が必要です。

　この点も他の外部サービスの利用と変わらないと考えられます。またSLAと同様に、クラウドサービスベンダーのサポート対象も、あくまでも

クラウドサービスベンダーが提供しているサービスの範囲に限定されます。そのため、例えばIaaSを利用している場合の障害時の対応を考えると、基盤よりも上位の階層であるOS、ミドルウェアやアプリケーションなどについては自社で障害対応を行う必要があることに注意が必要です。

加えて、現在の日本のマーケットでは大手のクラウドサービスベンダー数社で大きなシェアを握っている状況ですが、サービスからの撤退がゼロとは言い切れません。そして、クラウドサービスベンダーのサービス撤退は、自社ではコントロールできない事象です。実際にサービス撤退が発生した場合、サービスの利用状況によっては影響が甚大になることから、そのような事態もリスクの1つとして認識しておく必要があります。

第2章のまとめ

クラウドサービスにまつわる不安について、不安の原因にクラウドサービス特有の要素はあるものの、他のサービスを利用する場合と同様に、管理していくことが可能／管理すべきものであることがお分かりいただけたと思います。

クラウドサービスの特徴上、自社で管理が可能な領域とクラウドサービスベンダーの管理・統制に依拠しなければならない領域がセキュリティ面では顕著となります。次章ではこの責任分界点について解説します。

第3章

その責任はクラウドサービスベンダー側？ それとも企業側？ クラウドサービスの「責任分界点」を改めて整理してみよう

前章では、クラウドサービスの利活用に際しての"不安の正体"について整理し、そのうえで、企業が正しく対策を行えばその不安については払拭できる旨を説明しました。そして、その対策の前提として、事前に踏まえておくべきことが「責任分界点」です。つまり、企業側とクラウドサービスベンダー側の責任範囲を明確にし、クラウドサービスベンダー側でフォローされない範囲を正しく理解し、そのうえで企業がセキュリティ対策等を含めた各施策を講じる必要があるということになります。本章ではクラウドサービスの特徴（SaaS、PaaS、IaaS）を改めて確認したうえで、各クラウドサービスにおけるクラウドサービスベンダー側／企業側それぞれの責任範囲の分界点（以降、責任分界点）を整理し、企業側で対応すべき事項／注意すべき事項について解説します。

クラウドサービスモデルと責任分界点

▌1. クラウドサービスモデル

　クラウドサービスの責任分界点を整理するにあたっては、その提供機能の型（以降、クラウドサービスモデル）について理解する必要があります。すでに見知っている観点だと思いますが、クラウドサービスモデルごとに責任分界点が異なりますので、ここで改めて整理・提示します。

　クラウドサービスモデルという言葉や分類については、米国国立標準技術研究所（NIST：National Institute of Standards and Technology）の定義が一般的であり、SaaS（Software as a Service）、PaaS（Platform as a Service）、IaaS（Infrastructure as a Service）の3区分で示されます。

　本書の冒頭からも言及している観点ですので詳細説明は割愛しますが、NISTの定義によると、「基礎的コンピューティングリソース全般」（IaaS）、「アプリケーションを実装・稼働させるための環境」（PaaS）、「クラウドサービスベンダー由来のアプリケーション」（SaaS）が、それぞれのクラウドサービスとして提供される機能となります。

2. クラウドサービスモデルの特徴と管理主体

クラウドサービスモデルごとに、その管理主体をシステム構成のレイヤー単位で大きく整理したものが図表1です。

		SaaS	PaaS	IaaS
管理主体	ハードウェア	クラウドサービスベンダー側	クラウドサービスベンダー側	クラウドサービスベンダー側
	ネットワーク	クラウドサービスベンダー側	クラウドサービスベンダー側	クラウドサービスベンダー側 ※一部企業側有り
	ミドルウェア	クラウドサービスベンダー側	クラウドサービスベンダー側 ※一部企業側有り	企業側 ※一部クラウドサービスベンダー側有り
	アプリケーション	クラウドサービスベンダー側 ※一部企業側有り	企業側 ※一部クラウドサービスベンダー側有り	企業側

図表1：クラウドサービスモデル（SaaS、PaaS、IaaS）と管理主体（例）

管理主体というのは、責任主体と近しい観念であり、レイヤーごとにクラウドサービスベンダー側／企業側どちらが責任を持って管理を行うのかを示したものとなります（もちろん、クラウドサービスを利用していて情報漏洩やシステム停止等が発生した場合、対顧客上の責任については往々にして企業側が担うことにはなります）。

まずSaaSについては、基本的にクラウドサービスベンダー側が管理を行います。企業側としては一部、例えばアプリケーションのユーザーID管理等を行う必要がありますが、基本的にクラウドサービスベンダー側の管理に依拠することとなります。

次にPaaSについては企業側で実施すべき範囲が増えてきます。アプリケーションについてはクラウドサービスベンダー由来のものと、企業由来のもの双方が対象となり、それぞれが管理主体となります。またミドルウェア（OS、DB等）については基本的にクラウドサービスベンダー側が管理主体となりますが、バージョンアップに伴うアプリケーションへの影響検証等については企業側で行う必要があります。

最後にIaaSについては、企業側とクラウドサービスベンダー側で完全に分担管理するイメージとなります。アプリケーションは（一部クラウドサービスベンダー由来のものは除外するものの）基本的に企業側の管理が主体となりますし、ミドルウェアについても企業側で設定を行う領域が多くなります。ネットワークについても自社オンプレミスサーバとの連携発生が多くなることから、企業側で個別にファイアーウォール等の設置や設定を行うことになります。

　全体として、SaaS ⇒ PaaS ⇒ IaaSとクラウドサービスとしての利用レイヤーが広がるに従い、企業側での役割が増えていくことが見てとれます。逆に言えば、IaaS ⇒ PaaS ⇒ SaaSとクラウドサービスとしての利用レイヤーが狭くなるに従い、クラウドサービスベンダー側の管理に依拠する範囲が広がることにも留意する必要があります。これらの特徴を踏まえて、責任分界点を識別し、自社での管理施策について講じる必要があります。

責任分界点について特に留意すべき領域・対象

▌1. 各サービスモデルにおける責任分界点の基本的考え方

　SaaSについては、前述の通りクラウドサービスベンダー側での管理が主体となることから、責任分界点についての議論にはあまり発展しない傾向があります。例えば、使用可能時間や機能改善に係る取り決めをどのように行うか、外部委託先管理の一環でクラウドサービスベンダー側の管理体制をどのように把握・評価するか、といったことを中心に検討されることとなります。

　PaaSについてはその特性上、ミッションクリティカルなシステムとして利用されたり、大量の個人情報を保持したりといった想定ケースが限定的であるため、やはり責任分界点についての議論には発展しづらいと考えます。こちらはOS／DBのバージョンアップの責任や、アプリケーションへの影響検証を誰がどのように行うかといったことを中心に検討されることとなります。

一方でIaaSについては、多くの論点や留意点が発生します。以降、IaaS
を意識しながら説明を進めていきます。

2. 責任分界点を論じるうえでの観点（SDLC）

　考慮すべき管理レイヤーと観点については前述した通りですが、責任分
界点をより具体的に論じるうえではSDLC（Systems Development Life
Cycle、システム開発ライフサイクル）を意識する必要があります。

　SDLC（システムの企画、開発、運用、保守、廃棄の一連のプロセス）
における全ての工程において、企業は責任分界点を踏まえた施策について
何かしら講じる必要がありますが、運用プロセスについてはより強く意識
すべきです。

　すなわち稼働監視、障害検知と対応、ID管理、災害時対応といった活動
です。もちろん、クラウドガバナンスの観点からは企画プロセスは重要で
すし、セキュアなアプリケーションを構築・維持するうえでは開発プロセ
ス・保守プロセスも大事です。

　ただ、責任分界点およびそれに付随する空白地帯（エアポケット）の発
生という観点では、運用プロセスを中心に多くの留意点があります。次節
ではその点について説明します。

運用プロセスにおける責任分界点を踏まえた企業の実施事項

　運用プロセスにおいて、クラウドサービスベンダー側および企業側での
責任範囲（責任分界点）の例について示したものが図表2です。

29

対象プロセス	クラウドサービスベンダーの責任範囲 （例）	企業の責任範囲 （例）
稼働監視	・クラウド仮想環境（クラウドサービスベンダー由来アプリケーション含む）に係る稼働監視	・クラウド側稼働監視結果の定期的確認と切り替え等の対応 ・自社設定環境（自社アプリケーション含む）の稼働監視
障害検知と対応	・クラウド仮想環境（クラウドサービスベンダー由来アプリケーション含む）に係る障害検知・復旧対応	・クラウド側障害状況の定期的確認とユーザ告知等の対応 ・自社設定環境（自社アプリケーション含む）に係る障害検知・復旧対応
ID管理	・クラウド仮想環境（クラウドサービスベンダー由来アプリケーション含む）に係るID管理	・自社設定環境（自社アプリケーション含む）に係るID管理（OS/DB/ネットワーク機器/自社アプリケーション等）
変更管理	・クラウド仮想環境（クラウドサービスベンダー由来アプリケーション含む）に係るバージョン管理、リリース作業等	・自社設定環境（自社アプリケーション含む）に係るバージョン管理、リリース作業等
災害時対応	・災害時を想定したバックアップ機能の提供	・災害時を想定したバックアップ環境の設定、切り替え設定、対応マニュアルの整備
委託先管理	・委託先の管理	・委託先（クラウドサービスベンダー）の管理 ・再委託先の管理（クラウドサービスベンダー発表情報の定期的確認）

図表2：運用プロセスにおける責任分界点（例）

　いずれにも共通しているのが、「自社で作成・設定したものは全て企業側の責任範囲である」ということです。オンプレミスシステムではベンダーが担保してくれていた範囲でもあっても、クラウドでは企業側が全て責任を持つことになる傾向があります。

　また稼働（死活）状況や障害発生状況、再委託先の状況に至るまで、多くの運用プロセスにおいてはクラウドサービスベンダーから企業側へ個別に報告が行われず、クラウドサービスベンダー側が発表した情報の能動的な確認が必要となる傾向があります。これもオンプレミスの感覚に慣れていると見落としがちなポイントです。

　個別のプロセスに目を向けた場合、特に意識をしたいのは「災害対策は原則、企業側の責任範囲である」ということです。もちろん、クラウドサービスとして、複数地域でのデータセンター設置やデータセンター間の冗長化、バックアップ機能の提供等は行われていますが、それらを組み合わせて災害に耐えうる環境や体制を構築するのは企業側の責任範囲となる傾向があります。

　オンプレミスであればベンダー側における緊急時の支援体制に期待することも可能だった面もありましたが、こういった背景を踏まえると、ミッ

ションクリティカルなシステムのクラウド移行にはより慎重を期する必要
があります。

　これら運用プロセスにおいて空白地帯（エアポケット）の発生を防止す
るためには、マニュアルの整備と試行（検証）が重要です。まずは影響の
少ないシステムのクラウド移行を実施したうえで実際に運用プロセスを回
し、その中でマニュアルをブラッシュアップしていくという取り組みも有
効であると考えます。

第3章のまとめ

　クラウドサービスの導入に際して、特にIaaS／運用プロセスの責任分界
点について留意したうえで対応策を講じる必要があることをお分かりいた
だけたと思います。一方でクラウドサービスベンダーの責任やサービス内
容そのものについては決して曖昧に設定される類のものではなく、
SLA（Service Level Agreement）という形で明確にされます。

　次章では、クラウドサービスベンダーが提示するSLAの傾向を紐解きな
がら、クラウドサービスを利用するうえで留意すべき契約上のポイントに
ついて解説します。

第4章

その契約内容で本当に
大丈夫ですか？ 導入企業が必ず
注意しておきたいクラウド
サービス契約上のポイント

前章では、企業側とクラウドサービスベンダー側それぞれの責任範囲、すなわち責任分界点を踏まえた対応策を講じていく必要がある旨を説明しました。傾向としてはその際に説明した通りですが、一方で、クラウドサービスベンダーの責任やサービス内容そのものは、きちんと契約書およびSLA（Service Level Agreement）という形で明確にされます。つまり、企業が自社における責任範囲（主体的に検討・対応すべき範囲）を明確にするためには、契約書やSLAの内容を理解する必要があります。本章では、クラウドサービスベンダーが提示する契約書およびSLAの傾向を紐解きながら、クラウドサービスを利用するうえで留意すべき契約上のポイントについて解説します。

クラウドサービス契約の傾向とアプローチ

1. クラウドサービスの契約形態

　まずはクラウドサービスにおける契約形態の傾向について説明します。ここでは契約内容を比較的柔軟に調整可能なプライベートクラウドではなく、一定の制約が発生するパブリッククラウドを意識して言及しますのでその点留意ください。

　図表1はクラウドサービスの一般的な契約形態の傾向です。

位置付け	契約種別
クラウドサービスベンダーが提供する標準的な契約内容	基本契約（カスタマー契約）
	SLA(Service Level Agreement)
個社毎にカスタマイズされた契約内容	個別契約（エンタープライズ契約）
	※SLA箇所は個別に切り出されて整理される場合あり

図表1：クラウドサービスの契約形態の傾向

　クラウドサービスの契約は、大きく「基本契約」と「SLA」から構成されることが多いです。基本契約には契約期間や契約金額、利用条件や権利帰属などの基礎的内容が含まれ、SLAにはサービス内容や範囲、サービス

提供時間や達成目標などのサービス水準・品質に関わる内容が含まれます。

　そのうえで意識しておくべきであるのが、「基本契約やSLAは、原則、企業個社ごとの事情に合わせてカスタマイズされるケースは少ない」という傾向です。これは特にSaaS形式でのクラウドサービスにおいて顕著です。もちろん、利用形式に合わせていくつかの基本契約やSLAのパターンを用意し、企業側に選択する余地を残しているケースは多々あります。ただそれは、あくまでプリフィクスされたパターンからの選択にとどまり、企業特有の事情には原則対応できないというスタンスを取っているケースが多いです。

　では、クラウドサービスを利用する際、全ての企業がクラウドサービスベンダーの提示する条件に従って契約を結ばないといけないかというと、必ずしもそうではありません。特にPaaS形式やIaaS形式のクラウドサービスにおいては、ある程度、企業個社ごとの事情に応じた契約を受け入れる余地があります。その場合、クラウドサービスベンダーのひな型である基本契約に追加する形で、個別契約が締結されることになります。前者をカスタマー契約、後者をエンタープライズ契約と呼称することもあります。

2. 契約内容を調整するうえでの基本的アプローチ

　前述の内容をまとめると、クラウドサービスを利用するうえでは、基本契約とSLAの内容をきちんと踏まえたうえで、自社の業態や個社事情を勘案して個別契約でカバーするという考え方が必要となります。当然、企業側の要望が一方的に通ることはありませんので、クラウドサービスベンダーとの交渉が必要です。

　先にも少し触れましたが、SaaS形式のクラウドサービスは「利用許諾」に近い考え方を採用しているものが多く、「この条件で良ければご利用ください」というスタンスが多く見られ、契約内容調整の交渉余地がないケースが散見されます。ただ、PaaS形式やIaaS形式については、特に契約締結前の段階であれば、ある程度柔軟に対応可能な傾向があります。

一方で、クラウドサービスにおける契約事項を全て検討するには時間もかかり、チェックの抜け漏れも生じてしまいます。そこで、クラウドサービスを利用するうえでの「リスク」を予め識別したうえで、そのリスクを軽減するための条項を個別契約に盛り込むといったアプローチが有用となります。次節からは、クラウドサービス利用上のリスクについて説明したうえで、個別に調整すべき契約事項について解説します。

クラウドサービス契約で意識すべきリスク

1. クラウドサービス上のリスクを検討するうえで有用なガイドライン

　クラウドサービス利用上のリスクについて言及したガイドラインは国内外に多数あります。国際規格としてはISO27017が挙げられ、また、金融機関向けにはFISC安全対策基準においてクラウドサービス利用時のリスクとその対策例が整理されています。ただ、これらのガイドラインはセキュリティ対策に寄った傾向があり、契約で担保すべきビジネス上のリスクについては必ずしも考慮されていません。

　そこで活用をおすすめしたいのが、欧州で発行されたENISA（欧州ネットワーク情報セキュリティ庁）の発行物である「クラウドコンピューティング　情報セキュリティに関わる利点、リスクおよび推奨事項」です。こちらはIPA（情報処理推進機構）のホームページから日本語翻訳版がダウンロード可能です（https://www.ipa.go.jp/security/publications/enisa/index.html）。当文書内では、クラウドサービスを利用するうえでのリスクを、大きく4分類、35項目のリスクに分解して列挙し、そのうえで対策例についても言及しています。

2. 特に意識すべきリスク

　ENISAが定義するクラウドサービスを利用するうえでのリスクは、（1）ポリシーと組織関連のリスク、（2）技術関連のリスク、（3）法

的なリスク、（４）クラウドに特化しないリスク、の大きく４つに分類されます。

（２）、（４）はセキュリティに寄ったものが多く、クラウドサービスベンダーにおけるセキュリティ対策をどのように把握し対応するか、それを踏まえて自社側でどのような体制を整備するかといった検討に利用可能です。ただ、セキュリティについては契約内容で調整する余地が限定的なので、ここでは詳しく言及しません。

第２章でも触れましたが、セキュリティ担保を証明する第三者レポートの取得がクラウドサービスベンダー側で行われるか、行われる場合はそれを公表ないし提示することを契約内容に予め盛り込んでおくといったことが主に検討されると考えます。

一方で（１）、（３）については、契約時点で検討・調整することが有益な項目となります。次節ではこれらのリスクについて提示するとともに、具体的な契約内容の調整ポイントについて説明します。

クラウドサービス契約内容の調整ポイント

1. クラウド利用のリスクと契約内容の調整ポイント

ENISAが定義する「ポリシーと組織関連のリスク」「法的なリスク」を整理したものが図表２です。

No	分類	項目
R1	ポリシーと組織関連のリスク	ロックイン（サービスを移行しにくくなる等）
R2		ガバナンスの喪失（制御が及ばなくなる等）
R3		コンプライアンスの課題（関連要件への適用を確認出来ない等）
R4		他の共同利用者の行為による信頼の喪失
R5		クラウドサービスの終了または障害
R6		クラウドプロバイダの買収（サービス内容の変更等）
R7		サプライチェーンにおける障害（プロバイダの委託先からの影響等）
R21	法的なリスク	証拠提出命令と電子的証拠開示（捜査による没収等）
R22		司法権の違いから来るリスク（国外の法律の影響を受ける等）
R23		データ保護に関するリスク
R24		ライセンスに関するリスク（ソフトウエアの利用形態が適用しない等）

図表２：クラウドコンピューティング　情報セキュリティに関わる利点、リスクおよび推奨事項

出典：欧州ネットワーク情報セキュリティ庁（ENISA）、IPA翻訳（抜粋）

　まず検討すべきであるのが「R5　クラウドサービスの終了または障害」です。クラウドサービスは海外ベンダーが提供していることも多々あり、利用しているクラウドサービスの突然の終了やベンダー自体の撤退についてのリスクを検討する必要があります。そしてそのリスクが一定程度高いと判断した場合は、予め個別契約に対策を盛り込むことを検討すべきと考えます。

　例えばクラウドサービスベンダーが提供している基本契約では、サービス終了に係る告知から終了までの期間が概ね（長くても）３か月程度に設定されています。対応事項を確保するため、そこを半年～１年程度に延長するといったことが交渉ポイントとなります。

次に「R22　司法権の違いから来るリスク」についても重要なポイントと考えます。例えば、海外に本社のあるクラウド事業者を利用する場合や、海外にサーバを設置する場合、紛争時にどこの国の法律が適用されるかを把握し、慎重に評価する必要があります。海外の法律のみ意識された契約内容になっていた場合については、日本の法律要件についても契約書に組み込むことが交渉ポイントとなります。再委託時の通知や反社会的勢力への対応、クラウドサービスベンダー拠点への監査権に係る条項などが該当します。

　「R4　他の共同利用者の行為による信頼の喪失」についても検討が必要です。パブリッククラウドの特徴として、どうしても他企業とのリソース共用という観点が入ってきます。クラウドサービスは仮想化されたシステム環境で行われるため相互影響は最大限排除されますが、過去にはトラフィック増大による大規模なシステムダウンなども事例として生じており、一定の考慮が必要となります。

　システムダウン（可用性の毀損）についてはSLAで担保される事項ではありますが、損害発生時の負担割合（クラウドサービスベンダー側の負担限度額）についても交渉ポイントです（ただし、契約金額以上の損害賠償について契約に盛り込むことはクラウドサービスベンダー側が拒否することも多いため、そのことも含め利用には慎重な検討が必要になるものと考えます）。

┃2．クラウドサービス利用判断としての活用

　このENISAのリスクについては、契約内容を調整する視点としてだけではなく、「そもそもクラウドサービスを利用すべきか」という検討にも有用です。

　例えば「R1　ロックイン」については、コスト面／人的資源面双方の視点で考慮することが必要です。第1章でも触れましたが、クラウドサービスに移行（依拠）することで自社のノウハウが失われ、値上げ時や撤退時に大きな影響を受けるリスクとなります。

39

それらのリスクが限定的であるとしたうえで利用範囲の拡大や利用ベンダーの集中化といったスケールメリットを追求するのか、それとも一定のリスクを認めクラウドサービスの段階的な採用やマルチクラウドを志向するのか、まさしく企業戦略に直結したポイントであり、特にIaaS形式などの大規模な利用については、大きな視点で検討する必要があります。

　また、「R21　証拠提出命令と電子的証拠開示」も留意が必要です。例えば他企業の不祥事に起因して共有利用していたサーバが物理的に当局に押収された場合、機微な情報が（当局とはいえ）外部に漏れることになります。国際間の政治的な問題も影響することを踏まえると、一種のカントリーリスクとして捉えたうえでの検討が必要になります。

第4章のまとめ

　クラウドサービスの利用に際し、リスクを踏まえたうえでの契約内容のチェックポイントや調整ポイントについてご理解いただけたと思います。

　一方で本章でも言及した通り、クラウドサービスを利用するうえでは国内外の法規制についても理解しておく必要があります。次章では、昨今のホットトピックであるGDPR（EU一般データ保護規則）などのクラウドサービスにも関連する法規制について、その関係性も含めて説明します。

第5章

GDPR、個人情報保護法…
クラウドサービスを取り巻く
国内外の法規制とリスク対応

前章では、利用者である企業側とサービス提供者であるクラウドサービスベンダー側の責任範囲を明確にするためにクラウドサービス契約で意識すべきリスクについて解説しました。ほかにも契約だけでなく、クラウドを取り巻く法規制リスク（コンプライアンスリスク）にも着目する必要があります。契約は契約の当事者間で定める約束ですが、法規制は契約の当事者に限らず広く適用されます。当然、法規制の中には契約に優先されるものもあり、特にエンドユーザー保護に関わる法規制には注意が必要です。本章では、クラウドサービスを利用するうえで気をつけなければならないクラウドを取り巻く法規制リスクについて、個人情報保護規制に着目して解説します。

クラウドを取り巻く法規制リスク

　法規制リスクとは、自社グループに適用される各種法令や国・地域ごとに異なる法規制に対応しなければならず、法規制への対応を怠った場合に思わぬ制裁を課せられるリスクを指します。

　法規制リスクへの対応は、クラウドに限らず、オンプレミスの情報システムでも求められます。例えば、US-SOXやJ-SOXをはじめとした内部統制をめぐる法規制に対応し、情報システムにも内部統制を実装することが求められました。クラウドを利用する場合でも、内部統制に対応した各種機能を実装し運用しなければなりません。また、近年では、サイバーセキュリティへの対策強化が各国で進められており、当局規制としてサイバーセキュリティに対応した安全対策の強化が求められています。

　クラウドを利用する場合でも、各国の規制で求められる安全対策を実施しなければなりません。一方で、クラウドには、「匿名の共同性」「情報処理の広域性」「技術の先進性」といった固有の性質があるとされており（「金融機関におけるFinTechに関する有識者検討会報告書」2017/6 FISC）、クラウドを利用するうえでは、これらの性質を考慮する必要があります。

　オンプレミスでは、自社で構築する情報システムに採用するテクノロジーや安全対策は全て利用者である自社で決定し統制できますが、クラウ

ドでは採用するテクノロジーや安全対策を決定する主な役割はクラウドサービスベンダーに帰属し、サービス利用者が決定することは困難です。多くの場合、サービス利用者はクラウドサービスベンダーが実施する安全対策と運用に依拠せざるを得ず、クラウドサービスベンダーが公表するSOC2報告書等のセキュリティ担保を証明する第三者レポートを活用しなければなりません。

　情報処理やデータの所在は、オンプレミスでは自社もしくは委託先のデータセンターに限られますが、クラウドでは情報処理やデータの所在地を特定できない場合があります。クラウド上の操作１つで容易にデータを国際移転できてしまいますし、利用者が意図せずにデータを国際移転されてしまいます。

　オンプレミスでは、採用するテクノロジーや安全対策の選択は自社の責任であり、必要な対策を自社でコントロールできましたが、クラウドでは、採用するテクノロジーや安全対策は、クラウドサービスベンダーが提供する選択肢の中から選ぶことになります。クラウドサービスベンダーは先進的なテクノロジーを採用して機能を提供している場合もあり、利用者はテクノロジーの先進性を踏まえてクラウドサービスで利用する安全対策を評価・選択しなければなりません。評価基準はテクノロジーの進歩に対応して柔軟に変化させていく必要があり、これは法規制についても同様です。

　テクノロジーの進歩と環境の変化に対応して法規制は常に変化していますが、身近で分かりやすい例が個人情報保護に関する法規制です。次節以降で、個人情報保護に関する法規制を例に具体的に説明します。

個人情報保護規制の動向

　近年、EU（欧州連合）における一般データ保護規則（以下GDPR）の審議等を契機として、各国で個人情報保護に関する法令の改正が相次ぎ、日本でも2017年5月に改正個人情報保護法が施行されました。ご存知の通り、2018年5月にはGDPRが施行されています。

国名	法令名称・通称	施行年月	主な罰則設定例 （対事業者）
インドネシア	Regulation on Personal Data Protection in Electronic Systems	2016年12月	50個ルピー以下の罰金または10年以下の懲役等
オーストラリア	Australia Privacy Act （2017年改正：Notifiable Data Breaches）	2017年2月	ペナルティユニット方式。違反ごとに約500〜2,000ユニットを加算。現在A$180／ユニットだが段階的に引き上げ予定
日本	個人情報保護法（2017年改正）	2017年5月	1年以下の懲役または50万円以下の罰金等
中国	中華人民共和国網絡安全法	2017年6月	100万人民元以下の罰金および15日以下の拘置。違法所得のある場合はその10倍以下の罰金等
EU（EEA）	一般データ保護規則（GDPR）	2018年5月	世界売上高の4%もしくは2,000万ユーロのいずれか高いほうを上限とした罰金等
米国	「2012年消費者プライバシー権利章典」を法制化する動きあり。なお、現在は州法やセクター法による規制のみ。		

図表1：各国法令の状況を要約して作成

　各国における一連の改正は、テクノロジーの進歩に伴い、個人情報が国境を越えて処理される環境変化に対応した法改正であり、適用範囲の広さが特徴の1つです。日本の改正個人情報保護法では、本人の保護を図りつつ、データの国際的な移転を円滑にすることを目的として、外国の事業者に対する適用関係が明確にされたほか、取得した個人情報を外国の第三者に提供する場合のルールが明確にされました。

　GDPRでは、EU域内で行われる事業活動に関する個人データの取り扱いはEU域内・域外に関わらず適用対象と規定されているほか、EU域内に拠点がない事業者がEU域内の利用者に対して提供するサービスに関する個人データの取り扱いも適用対象と規定されています。広範な域外適用が定められていますが、直接の当事者となる範囲も広く定められています。

　日本とEUを代表例として挙げましたが、各国における一連の個人情報保護規制に関する改正はクラウドサービスへの影響も大きく、クラウドサービスベンダーだけでなく、クラウドサービスの利用者も注意が必要です。

クラウドサービス利用時に考慮すべき個人情報保護規制

　では、クラウドサービス利用時に考慮すべき個人情報保護規制には、どのようなものがあるのでしょうか。クラウド利用時に焦点を当てて、日本

の個人情報保護法およびEUのGDPRについて、具体例を挙げて解説します。

【例1】クラウドを利用・構築して企業の顧客管理システムを運用している場合

　日本の個人情報保護法の下では、クラウドの利用は原則として委託にあたります。また、クラウドサービスベンダーが日本国内にサーバ所在地を限定していない場合、クラウドに構築した顧客管理システムの利用は「外国にある第三者への提供」に該当する可能性があります。サービス利用者としては、サーバ間でのデータ移動を可能にするため、サービス利用者自ら定めた基準に適合した体制と必要な安全対策を整備・運用しているクラウドサービスベンダーを選定する必要があります。また、外国に設立した子会社（現地法人）も当該顧客管理システムを利用する場合、現地法人による利用が「外国にある第三者への提供」に該当する可能性があることに留意しなければなりません。

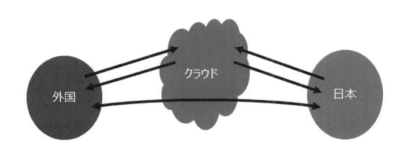

図表2：クラウドの利用とデータの動き

　GDPRは、その適用範囲の広さに注意が必要です。日本法人であってもEU域内に法人格を持たない駐在員事務所を置く場合、当該日本法人はGDPRを適用される当事者になりえます。例えば、その駐在員事務所においてEU域内の個人情報を取得すると、日本法人が直接取得していることになり、日本法人であってもGDPRに定める義務を順守しなければなりません。この場合、GDPRで規定されている個人情報取得時の情報提供と本

人の同意取得が必要なほか、各種権利義務への対応や安全対策の実施が求められます。

　EU域内に法人格を持つ現地法人を置く場合、個人情報を取得すると、当然GDPRが適用され、現地法人は個人情報取得時の情報提供と本人の同意取得が必要となります。

　自社グループでクラウドに構築した顧客管理システムを利用する場合、EU域内の拠点で取得したデータを、本社をはじめ他の海外拠点で利用する可能性があることから、個人データの国際移転に該当することが考えられます。このようなケースでは、EU域内の拠点で取得した個人データが日本の本社をはじめ他の海外拠点など自社グループ内のどこで利用されうるのか洗い出し、必要な保護措置を整備する必要があります。

　日本の本社は、自社グループ内の各拠点でGDPRに対応した安全対策が実施されていることを確実にしなければなりません。また、自社グループで取得した個人情報がどこでどのように利用されているのか明らかにし、対外的な説明責任を果たせるようにしておく必要があります。EU域内の現地法人では自社グループの安全対策を確実に実施するほか、取得した個人情報がどこでどのように利用されているのかEUの主たる監督機関に対して説明できるようにしなければなりません。

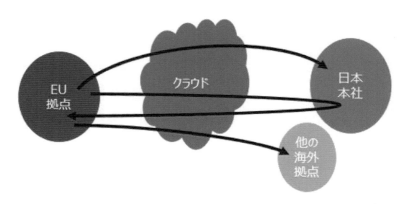

図表３：EU拠点で取得した個人データのクラウドを利用した国際移転

【例2】 クラウドを利用したアクセス解析サービスを利用している場合

Webサイトのアクセス解析にはアクセス解析サービス業者のサードパーティCookieを利用しますが、Cookieは本稿執筆時点で日本の個人情報保護法の個人識別符号には該当していません。しかし、将来的に政令等でCookieも個人識別符号に該当すると定められる可能性があります。一方、GDPRではCookieも個人データの1つと定義されています。Webサイト訪問者のCookieを取得することも個人データの取得に該当するため、所定の情報提供と同意取得のほか、国際移転に関する情報提供と同意取得が必要です。

法規制リスクへの対応

では、クラウドを利用していくうえで、個人情報保護規制リスクをはじめとする法規制リスクにはどのように対応すればよいでしょうか。

まず、本書の第4章で解説したように、サービス利用契約・約款にどのような条項が組み込まれているか確認する必要があります。クラウドサービスベンダーによっては、個人情報の国際移転に対応するため、GDPRで定めている標準契約条項をサービス利用約款に組み込んでいることがあります。

次に、リージョン指定を可能としているか確認します。クラウドサービスベンダーによっては、クラウドのリージョンを指定可能としています。リージョン指定がある場合、利用者のデータは指定したリージョンに限定され、意図しない国際移転を避けることができます。同時に、個人データを国際移転させる場合にはその積極性と移転元・移転先が明確になるので、検討すべき法規制リスクを限定することができます。

そして、クラウドサービスベンダーが実施している安全対策を確認する必要があります。第2章でも触れたように、多くのクラウドサービスベンダーではどのような安全対策を実施しているかSOC2報告書等を取得して対外的な保証を用意しています。特に、個人情報保護に関する規制は影響

が大きいため、クラウドサービスベンダーでも積極的に対策を用意しています。

　利用者としては、クラウドサービスベンダーが実施し公表している対策を評価し、自社が直面する法規制リスクへの対応として充足しているか判断しなければなりません。法規制リスクへの対応として不足していると判断した場合には、利用しているクラウドサービスを見直すことも方策の1つです。

　クラウドサービスベンダーとしては、サーバ間・データセンター間のデータ移動を可能にするため、必要な安全対策を実施することに加えて、各国の法規制リスクに対応した対策を実施しなければなりません。日本の個人情報保護法であれば基準適合体制の整備ですし、GDPRであればBCR（拘束的企業準則）の取得やSCC（標準契約条項）の締結などです。

　利用者が考慮すべき法規制リスクにどのようなものがあるかは、利用者の事業や事業を展開する国・地域によって異なるため、法規制リスクへの対応に正解はありません。自社グループに適用される各種法令や国・地域ごとに異なる法規制をチェックし、必要な対応を怠らないことが必要です。自社だけでは法規制リスクに関する情報の収集が不足することも考えられるため、弁護士事務所やコンサルティング会社等が発信する情報の利用や同業者間での情報共有も有効です。

第5章のまとめ

　法規制はテクノロジーの進歩と環境変化に対応するので、法規制リスクがなくなることはなく、絶えず変化していきます。クラウドを利用するうえでは、クラウドの性質上、国内の法規制だけではなく、海外の法規制にも注目する必要があります。クラウドを安心して利用するためにも、法規制リスクへの対応は必須です。

　次章では、クラウドサービスを利用していくうえではどんなことが起こるのか、実際にクラウドサービス利用時に起こりうる事件・事故とその対応について解説します。

第6章

対岸の火事ではない！
クラウドサービス利用で
起こりうる事故とは？

前章では、クラウドを取り巻く法規制リスクの1つとして、国内外の個人情報保護規制に着目した対応について解説しました。契約や法規制対応においてもそうですが、これまでに説明した内容を踏まえて上手にクラウドサービスと付き合っていけば、クラウドサービスに起因した事故等の発生を必要以上に恐れる必要はありません。ただし、クラウドサービスにはオンプレミスとは違ったいくつかの特徴や傾向があります。これらを意識した対応を怠れば、やはり思わぬ事故等が発生しうるのも事実です。本章では、クラウド利用において起こりがちな事故、および対応のポイントについて解説します。

事故発生の観点から見る、クラウドサービス利用の主な特徴

　クラウドサービスで起こりがちな事故や対策について述べる前に、まず、クラウドサービス利用における主な特徴や傾向を整理しておきましょう。

クラウドサービス利用企業におけるクラウド推進の主体者

　クラウドサービスの導入は比較的容易であるため、社内においてシステム部門を介さず、業務部門が単独でクラウド導入を計画・推進することが可能となります。

　つまり、従前であれば、業務部門は担当業務についてシステムに求める要件をシステム部門と協議・決定したうえでシステム部門が設計するという分担になっていますが、クラウドにおいては、業務部門がサービス提供事業者とやり取りをしながらクラウドサービスの選定と導入を進める傾向があります。

　ここで業務部門では、当然ながら、クラウドをどのように活用するのか、それによってどんな効果を得られるか、といった業務目線での見方が中心となりますが、自社のクラウド利用をどのように統制するのか、といった守りの目線が欠けると、やはり問題が発生する要因となってしまいます。

クラウドサービスの導入単位

　昨今、多くのクラウドサービスベンダーが多岐にわたるサービスを提供しています。クラウドサービスベンダーによって提供されるサービスでは各々の内容やメリット、他社との優位性が示され、クラウドサービス利用企業は自社システムにどのように導入できるのか、また、それによりどのような効果が期待できるのか、イメージを持ちやすくなっています。

　また、クラウドはオンプレミスと比較して容易、かつ迅速に導入できるという側面があります。よって、クラウドサービス利用企業は、クラウド導入を検討可能なシステム単位で個別に、要件に合致するクラウドサービスの選定や導入を行う傾向があります。

　クラウドを導入するシステム単位の詳細な検討は必要なことですが、それに加えて、データ連携する全ての自社オンプレミス環境、および他のクラウドサービス等を含めた、システム設計や稼働検証がなされなければ、事故等の発生につながりかねません。

　これらを踏まえ、次節では、クラウドサービスの利用における代表的な障害事例を用いて、クラウドサービス利用企業として必要な対策等について解説します。

クラウドサービス利用において、事故防止の観点から対策すべきこと

　前節で説明した内容を踏まえつつ、ここでは2つの障害事例をケーススタディとして、クラウドサービスの利用企業が留意すべき主なポイントを解説します。

【例1】クラウドサービスベンダー側の作業ミス

　クラウドサービスベンダーが提供するサービスにおいて、同ベンダーの人為的ミスにより、システム基盤上でクラウドサービス利用企業が構成する多くの仮想サーバが削除された。クラウド事業者がこのシステム基盤を用いていた特定の地域において、回復までの数時間にわたり、クラウド

51

サービス利用企業が仮想サーバによって提供するITサービスも停止することとなった。

解説

　例1は、クラウドサービスベンダー側で地域間の冗長化を行っていなかったこと、およびクラウドサービス利用企業側でもITサービスの分散を図っていなかったことが重なり顕在化したものです。本ケースでの障害の直接的なトリガーはクラウドサービスベンダー側の作業ミスですが、クラウドサービスベンダー側のこういったサービス仕様等を踏まえ、最終的に影響が顕在化しないための仕組みや運用は、やはりクラウドサービス利用企業側で検討・検証すべきものです。

　ここで、前述した通り、クラウドサービスは業務部門が主導的に推進するので、システム部門の関与が薄くなりがちですが、そのため、クラウドサービスベンダーとクラウドサービス利用企業で考慮漏れとなるエアポケットに気づきにくくなるという側面があります。

　また、クラウドサービス利用企業でクラウド導入が進むと、自社のシステム環境は複数のクラウドサービスの利用とオンプレミス環境のミックス構成となって管理が複雑化し、考慮漏れを助長します。クラウドサービス利用企業は、こういった点に注意しつつ、システム部門の適切な関与の下、ロケーションやクラウドサービスベンダーの分散等により、発生した障害等の影響がなるべく小さくなるような施策を検討することが重要です。

【例2】クラウド環境と既存オンプレミス環境とのデータ連携ミス

　ある企業の特定業務にクラウドサービスを導入し、クラウドサービス単体では期待通りのパフォーマンスが得られたが、別の業務部門が主管する社内オンプレミス環境とのデータ連携において、ネットワーク遅延が発生。その結果、オンプレミスシステム側のアプリケーションサーバで夜間バッチ処理が時限内に完了しない問題を抱えた。

解説

　事例2は、クラウド導入前において、クラウドサービス環境と既存オンプレミス環境とのデータ連携に関する分析・検証が不足したことが原因です。ここで、クラウドサービスベンダーは、クラウドサービス自体の要件に責任を持つものであり、クラウドサービス利用企業の既存オンプレミス環境や他のクラウドサービスとのデータ連携等は、当然ながらクラウドサービス利用企業側の責任となります。

　これも前述の通り、クラウドサービス利用企業は個々の業務・システム単位でクラウドを検討する傾向があること、業務部門主導でクラウドを推進してビジネスのスピードが優先される傾向があることから、いつの間にかこういった事態が発生することになりかねません。

　また、クラウドサービスは共同利用モデルであるため、一旦導入してしまうと特定のクラウドサービス利用企業側の都合で仕様変更を求めることは容易ではなく、こういったケースではクラウドサービス利用企業自身で発生した問題に対処しなければなりません。

　したがって、クラウド導入時には、クラウドサービス単体ではなく、関連する自社システム全体における設計・テストを計画し、クラウドサービスベンダーとともに検証することが必要です。また、このようなプロセスが確実に履行されるような社内手続きの整備も有効と言えるでしょう。

第6章のまとめ

　クラウドサービスに起因した事故等の防止においては、"クラウドサービスを利用する"ということが持つ特徴や傾向を踏まえて、事前に対策することが有効であるとお分かりいただけたかと思います。これらは全社目線の対策となるため、経営陣を含めたマネジメントの積極的な関与が必要になると考えます。

次章では、クラウド活用におけるメリットや課題など様々な意見がある中で、どのように判断していけばよいのか、重要な考え方のポイントについて解説します。

第7章

クラウドのメリットを
最大限に活かすための留意点

前章では、クラウドを活用するうえで考慮すべきリスクとその対応策について論じてきました。"守りの観点"が前面に色濃く出ており、そもそもクラウドを活用していくこと自体が正しいことなのかという疑問を持つ方もいるかもしれません。本書の趣旨を改めて説明しますと「クラウドのリスクを正しく理解したうえで、その対応策も含めてクラウド導入を検討・推進していきましょう」ということになります。本章ではこれまでと視点を少し変え、クラウド利活用上のメリット（目的）や活用事例を整理しながら、留意すべきポイントについて論じたいと思います。

クラウド活用の主要な目的（投資理由）

　まずはクラウド活用の目的（投資理由）について、「HARVEY NASH/KPMG2017年CIO調査」の結果をご紹介します（図表１）。

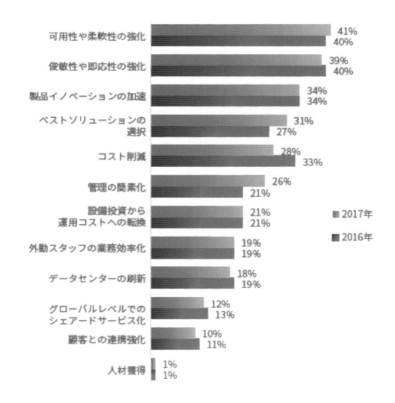

図表1：質問　現在クラウドに投資している理由について、上位3つを挙げてください
クラウド活用の目的
出典：「HARVEY NASH/KPMG 2017年度CIO調査」

　こちらは海外も含む1,000社以上のCIOに対するサーベイの回答結果であり、大きく次の5つがクラウド活用の主要な目的であると見てとれます。

1.　可用性や柔軟性の強化
2.　俊敏性や即応性の強化
3.　製品イノベーションの加速
4.　ベストソリューションの選択
5.　コスト削減

　もちろん、これらの目的はクラウド活用によって複合的に達成されるものではありますが、コスト削減が先頭にきていないことに、多くの示唆が含まれていると感じます。実際にクラウドを積極的に活用している企業の推進担当者とお話をすると「QCD（※）のうち、Cのメリット享受は当たり前であり、むしろ、いかにQやDの面でオンプレミスを凌ぐメリットを得られるかが論点」といった内容をよく伺います。クラウド活用の様々な効能を正しく理解し、訴求し、活用していくことが各企業には求められます。

※QCD：Quality（品質）・Cost（コスト）・Delivery（納期）の略。元々は生産管理から派生した言葉で、広く「プロジェクト（取り組み）」が達成すべき観点としても利用される

　前述の目的を踏まえると、クラウド活用を推進するうえで、各企業の中におけるシステム部門の在り方についての議論が避けられないことは自明です。第1章でも触れましたが、既存のIT資産（人的資産含む）を多く保有する企業ほど、クラウド導入による効果（変革に伴う利益の享受）の大

57

きさと比例して、クラウド導入後における既存資産の活用方法について慎重な検討が求められます。

特にIaaS型クラウドの導入に際しては、大きな影響が発生します。「保有しているIT資産の償却はどうするか」「既存データセンターおよび人員の扱いをどうするか」「クラウド導入プロセスを誰が責任を持って構築していくのか」といった経営レベルでのITの在り方（ITガバナンス）を意識したクラウド推進が求められます。

次節では前述した目的に即した具体的な活用事例について言及していきますが、1つ1つの事例だけで捉えず、自社IT部門全体の在り方にも影響するものとして横断的に捉えながら、読み進めていただければと思います。

目的ごとに見るクラウド活用事例と留意すべきポイント

▍1. 可用性や柔軟性の強化／俊敏性や即応性の強化

ここからは前述したクラウド活用の目的ごとに、実際の活用事例と留意すべきポイントについて論じます。

まずは「可用性や柔軟性の強化」と「俊敏性や即応性の強化」です。関係性の深い観点のため併せて説明します。これらは「任意のタイミングで」「任意の量だけ」「任意の期間だけ」使用できるというクラウドの特徴と合致しており、多くの企業が、まずは当該目的からクラウド導入に着手するものと考えます。

SaaSとして、自社のコア業務に直結しない汎用システム（メーリングシステムや表計算ソフト、ファイルサーバ等）での活用が特に進んでいます。これらは比較的簡易に置き換え可能であり、また、自社で構築を行うことと比較して導入スピードにも優れています。

58

PaaS/IaaSの観点から見ると、システムの開発環境やテスト環境、バックアップ環境といった形での活用が進んでいます。ここも自社のコア業務に直結していない（本番環境には直接的に影響しない）ことがポイントであると思います。またクラウド上の各種サーバにはメモリやハードディスク等の自動拡張機能（マルチスケーラビリティ）が備わっていることが多く、そういった意味でも可用性／柔軟性／俊敏性／即応性いずれの面でも秀でていると言えます。

　一方で自社のコア業務、特に社会的影響の大きいシステムについては、慎重な議論が必要となります。第1章でも触れましたが、ベンダー撤退やセキュリティ事故に伴うレピュテーション被害といったビジネスリスクについても視野に入れながら検討を進めていくことが求められます。

2. 製品イノベーションの加速

　前述した可用性／柔軟性／俊敏性／即応性の観点から、クラウドは短いサイクルで多くの更新や拡張が必要とされるシステム・基盤との相性が良く、ブロックチェーンやAI・機械学習といった先進的な要素技術を扱う企業等では、クラウド上にシステム基盤を構築している事例が散見されます。

　また、クラウドサービスベンダーは継続的に技術投資をしており、新たな技術や手法が反映されたプロダクト（サービス）が積極的に提供される傾向があります。クラウドサービスベンダーが提供するサービスを組み合わせてシステム環境を構築することで、技術研究に長い時間とコストを費やすことなく先進的なシステム環境の構築が可能となります。

　ただし、システムや環境のアップデートに伴う影響については考慮が必要です。SaaSの場合は企業側でコントロールできる余地が少なく、アップデートを（望むものでなくとも）原則受容する必要がありますし、IaaS/PaaSであれば、アップデートに伴うアプリケーションへの影響確認と対応について、アップデート前のタイミングにおいて自社側で行えるような体制の検討を行ったうえで、必要に応じてクラウドサービスベンダーとの交渉（契約）が求められます。

3. ベストソリューションの選択

クラウドを活用するということは、全てに対してクラウドを使用する／クラウドに置き換えるということではなく、クラウドに適したものを識別し活用するということが原則であると思います。そういった意味ではクラウドは、ベストソリューションを採用するための選択肢を増やすものとして位置づけられます。多くの企業では、このような考え方から、クラウド導入のための何らかの判断基準を設定し運用しています。それは、オンプレミス／クラウドの選択だけではなく、クラウド間での選択ないし複数のクラウドを組み合わせた（マルチクラウド）選択も含まれます。

なおクラウド導入の判断基準は時間とともに変化します。例えば「当初は個人情報を置かない前提であったが置くことも視野に入れることになった」「開発環境だけで使用するといった前提であったが本番環境での使用も視野に入れることになった」等です。そしてこの時間の変化について、数年といったサイクルではなく1年、半年といった短いサイクルで捉える必要が出てきています。クラウド導入の判断基準について、定期的に検討・見直しを行えるような体制の整備が求められます。

4. コスト削減

クラウド導入に伴うコストメリット（コスト削減効果）については、多くの成功事例が公表されています。基幹系システムをクラウド上に移行することで5割の運用コスト削減を果たした運送企業の例、新規システムを自社開発するのではなくSaaS活用で賄ったことで導入コストを数千万単位で削減した小売企業の例、バックアップサイトを自社データセンターからクラウドに移行することで3割以上の運用コスト削減を果たした金融機関の例等、枚挙に暇はありません。

「買うより借りるほうが安い」というのは社会通念的に違和感を覚えるかもしれませんが、クラウドサービスベンダーは、サーバの大量購入によるスケールメリットや自動化オペレーションによる管理効率化、共同利用

によるコスト分担等により、リーズナブルなコストモデルを構築・提供しています。

　しかし、クラウドを活用すれば即コスト削減につながるというわけではありません。例えばSaaS／PaaSの場合、アプリケーション／ミドルウェア等の習熟や異例オペレーションに時間を要すことで想定外にコストが発生したというケースが散見されています。

　IaaSについても、ネットワーク通信量に伴う従量課金が嵩んで想定外にコストが増え、オンプレミス時代と比較して逆にコストが高くついたという事例も報告されています。これらの事態に対しては、やはり事前のシミュレーションが肝要となります。

　前述のSaaS／PaaSの事例で言えば、現状およびクラウド導入後における業務オペレーションの比較とGAP抽出、IaaSの事例であれば、当該環境で稼働させるアプリケーションの特徴を踏まえた課金試算などが実施すべき事項となります。このようにクラウド導入に際しては、具体的かつ多様なシチュエーションを設定したうえでコストを精査していくことが求められます。

第7章のまとめ

　クラウドの活用の目的（メリット）およびそれらに応じた活用事例・留意すべきポイントについてご理解いただけたと思います。また、本章でも言及した通り、クラウド活用に際しては単なるオンプレミス／クラウドの2択だけではなく、クラウド間での選択ないしクラウドを組み合わせた（マルチクラウド）選択を行う必要が出てきます。次章は、このようなマルチクラウドを意識したリスクマネジメントの在り方について説明します。

61

第8章

障害対応の長期化、セキュリティ、サービス管理の複雑化……マルチクラウド環境で想定されるリスクへの対応法

前章では、クラウドのメリットを最大限に活かすための留意点について解説しました。複数のクラウドサービス利用が日常的なものとなった現在、マルチクラウド環境におけるリスクをどのように減らす（コントロールする）ことができるのかに関心を持たれている方も多いと思います。本章では、マルチクラウド時代に押さえておきたいリスクマネジメントのポイントについて解説します。

マルチクラウドを採用する企業のメリット

　まず、複数のパブリッククラウドを組み合わせて利用することを、マルチクラウドと定義したいと思います。

　クラウドサービスの多様化により、大小様々なクラウドサービスベンダーによるサービスが展開されています。クラウドサービス利用企業においては、その都度最適と考えられるクラウドサービスを選択した結果、マルチクラウド環境となっているケースや、得られるメリットを積極的に享受しようと戦略的にマルチクラウドを採用するケースなど、クラウドサービス利用企業がマルチクラウド環境に至った経緯も様々でしょう。また、特定のクラウドサービスの利用をはじめたばかりで、マルチクラウドの採用も視野に検討を進めている段階、という企業の方もおられると思います。

　それでは、なぜマルチクラウドが注目されているのでしょうか。はじめにマルチクラウドを採用することで得られるメリットについて解説します。次にマルチクラウド環境において想定されるリスクと、そのリスクへの対応について解説していきます。

　まずはメリットです。マルチクラウドを採用することで、大きく2つの観点でのメリットが考えられます。

1. 最適化

　マルチクラウドを採用するメリットの1つとして、システムの特性（機能）に応じて複数のクラウドサービスを組み合わせて、良い所取りをする（最適化する）ことができる点があります。

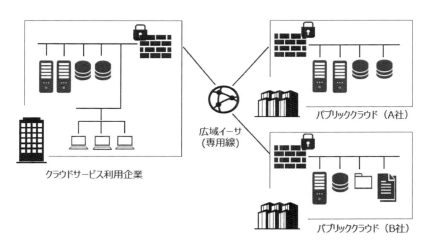

図表1：マルチクラウド活用例1

　例えば、各クラウドサービスにおける課金ルールと、移行対象となるシステムの特性を考慮し、採用するクラウドサービスを変えるケースなどが該当します。図表1の例は、オンライン取引の多いシステムはトランザクションによる課金比率が低いA社のクラウドサービスを利用し、バッチ処理が中心のシステムはバッチ処理による課金比率が低いB社のクラウドサービスを利用するといった組み合わせです。システムの特性に合わせて最適なクラウドサービスを選択することで、全体の使用料を下げることができます。

2. 分散化

　マルチクラウドを採用する2つ目のメリットとして、同一のシステム構成を複数のクラウドサービスに分散して構築することにより、特定のクラウドサービスベンダーによる様々な影響を極小化できる点があります。

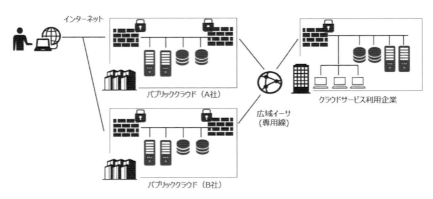

図表2：マルチクラウド活用例2

　例えば、マルチクラウドを採用することで、1つのクラウドサービスに依拠し、切り替えできなくなるベンダーロックインのリスクを軽減することができるでしょう。図表2の例では、利用先のクラウドサービスA社が利用料の値上げを通告してきたとしても、B社のクラウドサービスを利用可能な状態であれば（通常はDRセンターとして準備）、A社の利用料の値上げを回避する交渉を行うことができます。

　同様に、A社、B社双方のクラウドサービスを利用可能な状態にすれば、従量課金の単価について、値下げ交渉をすることも可能となります。

　また、複数のクラウドサービスに分けることで、大規模災害発生時や特定のクラウドサービスにおけるトラブル発生時に、システム全体が停止してしまうようなリスクを軽減することができます。図表2のケースでは、A社のクラウドサービス全体がダウン（※）したとしても、DRセンターと

して準備していたB社のクラウドサービスを使って、サービスを継続することができます。

※障害対策や災害対策として、一般的にはパブリッククラウドA社の複数のデータセンターにサーバを分散して構築することや、A社の別リージョンを利用して、災対センターを構築するケースが多いと思いますが、小規模なクラウドサービス提供企業であるA社固有の弱点が露呈し、A社のクラウドサービス全体がダウン、またはクラウドサービスとしての機能提供に影響が出てしまうリスクが考えられます。

　なお、特定のクラウドサービスの利用に問題が発生するケースは、システム障害のようなケースだけとは限りません。図表2の例では、A社で大規模な情報漏洩が発生し、A社を継続利用するリスクが高まった場合や、社会通念上A社を継続利用することが難しい問題が発覚した場合などに、B社のクラウドサービスを使って、サービスを継続しつつ適切な対応をとる、といったケースも考えられるでしょう。

マルチクラウド環境において想定されるリスク

　次に、マルチクラウド環境において想定されるリスクについて解説します。

┃1．運用の複雑化

　マルチクラウド環境において想定されるリスクの1つとして、複数のクラウドサービスを利用することにより、運用を中心に管理が複雑になるといった問題が挙げられます。

　つまり、複数の異なる運用方法が存在することで、運用作業全体が煩雑になり、作業ミスや作業漏れが発生するリスクが高くなることが考えられます。例えば、図表1の場合、A社のクラウドサービスのゲストOS（IaaSの責任共有モデルにおいてクラウドサービス利用企業の責任範囲）に適用すべき作業を、誤ってB社のクラウドサービスのゲストOSに適用してしまうようなケースや、A社のクラウドサービスのゲストOSには適用したセ

67

キュリティパッチを、B社のクラウドサービスのゲストOSに適用し忘れるようなケースが発生する可能性があります。

2. 障害対応の長期化

クラウドサービスによって、提供している機能や、サポート方法・サポート範囲は異なります。また、クラウドサービス間の境界で発生した障害では、発生原因の調査が難しいケースもあります。そのためマルチクラウド環境の場合、障害発生時に適切な対応（障害の検知、影響の把握、関係者への連絡、暫定対応、原因分析、障害復旧）が長期化するといった問題もあります。

例えば、図表1では、A社とB社のクラウドサービス間でデータを連携するようなシステムだとすると、どちらのクラウドサービスにおいて、どのような原因で障害が発生したのか、といった調査が長期化する（難しくなる）ケースが考えられます。

3. セキュリティ管理の煩雑化

マルチクラウドを採用することで、セキュリティレベルの異なる、またはセキュリティに係るサービスが異なるクラウドサービスが乱立し、セキュリティレベルを確保するための管理が煩雑になるといった問題が発生します。

例として、外部からのDDoS攻撃対策に対して、社内のセキュリティ規定を順守するセキュリティ機能を構築するケースを考えてみましょう。前述した図表2の場合では、A社向けとB社向けにそれぞれセキュリティ機能を、別々に構築することになれば、その管理は煩雑になり、また相当な費用もかかるようになります。

4. クラウドサービス管理の複雑化

採用するクラウドサービスの選定ルールが明確でない場合、社内でクラウドサービスが乱立してしまい、クラウドサービスを管理しきれなくなる

といった問題や、社内のクラウドサービスの利用状況を把握し、管理できなくなるといった問題があります。

例えば、社内のシステム部門が使っているクラウドサービスのほかに、社内のユーザー部門が別のクラウドサービスを利用してしまう場合、運用が個別に行われたり、異なるセキュリティが適用されたりといったことが考えられます。

さらに、クラウドサービスの利用に関するガバナンスが利かず、社内のどの部署がどのようなクラウドサービスを利用しているのかを把握できなくなり、外部委託先として管理しきれなくなることも考えられます。

マルチクラウド環境で想定されるリスクへの対応

前節ではマルチクラウド環境で想定されるリスクについて解説しました。ここではそれらのリスクへの対応について解説していきます。

図表3はマルチクラウド環境で想定されるリスクへの対応例です。

	マルチクラウド環境で想定されるリスク	対応例
1	運用の複雑化	クラウドサービスに合わせた運用マニュアルの最新化、運用マニュアルに則った作業の徹底、教育の実施、運用管理サービスの利用（図表4）
2	障害対応の長期化	クラウドサービスの利用形態等に合わせた障害時マニュアルの最新化、障害時の役割分担の明確化、障害時の相互協力の覚書の締結、障害訓練の実施
3	セキュリティ管理の煩雑化	セキュリティ基準の最新化、セキュリティ教育、セキュリティサービスの利用（図表4）
4	クラウドサービス管理の複雑化	利用規定の整備（ディシジョンツリーの活用）、クラウド管理台帳の整備、各クラウドサービスを外部委託先として適切に管理（ホワイトペーパーの活用を含む）

図表3：マルチクラウド環境で想定されるリスクへの対応例

1. 運用の複雑化への対応

マルチクラウド採用により、運用管理が複雑になるため、クラウドサービスに合わせた運用に関するルールや手順を更新し、運用マニュアルの最

69

新化を行います。運用マニュアルに則り、確実に作業が行われるように、各種教育を実施するといった対応も行います。

また、図表４に示すように、運用管理を専門性の高いC社の運用管理サービスに統合することで、複雑になった運用管理を一元化し、運用リスクを軽減するといった方法も考えられます。

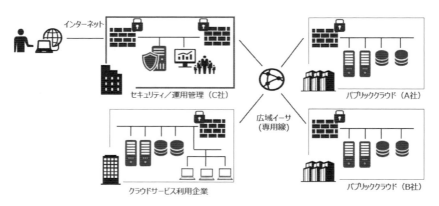

図表４：マルチクラウドに対応したサービスの活用例

2. 障害対応の長期化への対応

マルチクラウドの採用により、障害時の対応に時間がかかるケースが考えられるため、各クラウドサービスの利用形態、システムの構成等を考慮のうえ、あらゆるケースを想定して障害時マニュアルの最新化を行います。また、各クラウドサービスについて、障害時の役割分担と責任範囲を事前に明確化しておくことが重要となります。障害時に相互に協力が得られるような覚書を締結することができれば、より安心できるでしょう。そのうえで定期的な障害訓練を実施しておくことで、障害発生時に的確な対応ができると考えます。

3. セキュリティ管理の煩雑化への対応

セキュリティ基準を策定し、各クラウドサービスがセキュリティ基準に適合するように管理を行うことで、セキュリティレベルを確保します。セ

キュリティ教育を継続的に行い、セキュリティへの意識の向上、セキュリティルールの順守を徹底することで、全社的なセキュリティレベルの向上を図ります。

図表4に示す通り、クラウドサービスごとに高度なセキュリティ機能（DDoS攻撃への対応など）を構築するのではなく、C社のセキュリティサービスを活用することで、全体のセキュリティ対応費用を抑えつつ、セキュリティレベルを向上させることも可能になります。

また、CASB（Cloud Access Security Broker）を利用するといったことも、セキュリティレベルを向上させるための選択肢の1つになるでしょう。

4. クラウドサービス管理の複雑化への対応

クラウドサービスの乱立を防ぐために、クラウド利用規定の整備を行います。クラウド利用規定では、必要とされる機密性／完全性／可用性を満たしているか、またデータの特性に応じた暗号化の適用ルールのほか、クラウドサービス導入に係るディシジョンツリーの定義を行います。これにより、無秩序なクラウドサービスの乱立を防ぐことが可能となります。

また、各クラウドサービスをクラウド管理台帳で外部委託先として管理を行い、定期的に状況を確認し、必要に応じて改善の指示を出すといった対応が求められます。ただし、クラウドサービスによっては、契約先からの問い合わせに対して個別に回答を行わないケースや、立ち入り監査を受け付けないケースなどもあります。そのようなケースでは、各クラウドサービスが開示しているホワイトペーパー（公的機関のチェックリストへの適合状況など）を、積極的に活用していくことがポイントになります。

第8章のまとめ

マルチクラウドを採用することのメリット、およびマルチクラウド環境で想定されるリスクについてお分かりいただけたと思います。マルチクラウドを拡大させていくには、マルチクラウド環境におけるリスクを低減

71

（コントロール）し、マルチクラウドの採用によるメリットを最大化していくことがポイントになります。

　次章では、経営層から"クラウドで大丈夫か"と聞かれた際に、経営層に対してどのように説明すべきか、そのポイントについて解説します。

第9章

経営層から
「クラウドで大丈夫か？」
と聞かれたら
どう答えるべき？

クラウド技術は年々進化しており、各企業においては、ミッションクリティカルなシステムであってもクラウド環境で構築するケースも増えてきています。そのような状況において、経営層から「クラウドで大丈夫か？」と聞かれたら、どのように回答をするのが適切なのでしょうか。経営層を前にして、自信を持って回答できるならばよいのですが、実際にはなかなか難しいと思われます。本章では、経営層がそのような質問をする意図もくみ取りつつ、どのような回答をするのが望ましいのかを解説していきます。

経営層から「クラウドで大丈夫か？」と聞かれたら

　まず、経営層から「クラウドで大丈夫か？」といった質問が出るのはどのような時でしょうか。ここではシステム投資審議において、クラウド環境の利用を前提としたシステムの構築を提案している場合を想定してみます。

　経営層が気にかけるところは自社のビジネス目標を達成することであり、そのビジネスを支えるリソースとしてヒト・モノ・カネ・情報の観点を大切にしている傾向があります。これらの観点から、経営層からの質問とその回答例を考えてみます。

Q：クラウド環境を利用することによってどの程度のコストメリットがあるのか？

　まず、経営層はシステムへ投資することによって、ビジネス目標を適切な水準で達成しうるかという「カネ」の観点から質問するでしょう。特に、システムへ期待するビジネス目標への影響としてコストに対する意識が高いものと思われます。

　オンプレミス環境と比較すると、クラウド環境を利用する場合、ハードウェアの購入コストが限定的であり、主にサービスの利用時間や使用量等から算出される利用コストが中心となります。利用するクラウドのサービス形態にもよりますが、クラウドサービスの利用料金は使った分だけ課金

される従量課金の方式であることが多く、どれだけ使用するのか事前に見積もって予算を確保する必要があります。

この場合、クラウドサービスの料金体系を正しく理解することはもちろんですが、クラウドサービスベンダーから提供されている見積もりツール等を活用して、利用料金の見積もり精度を上げて、具体的な金額を見積もることも重要です。ハードウェアの購入コストが抑えられるとはいえ、無計画にクラウドサービスを利用すると、オンプレミス環境を利用するよりもコストがかかってしまうリスクがあります。

使用しないサービスは停止させたり、利用する時間を限定させたりするなどの運用を予め計画しておくことによって、ランニングコストを大幅に削減することが可能になります。オンプレミス環境とクラウド環境の初期コストとランニングコストの比較を図表1にまとめています。

	オンプレミス環境	クラウド環境
初期コスト	●サーバ、ネットワークなどのハードウェアおよびソフトウェアライセンスの購入が必要 ●サーバは、拡張性を加味し、一定規模での構築が必要	●限定的（習熟費用や導入分析費用が主） ●サーバはオンデマンドの増減が可能なので最小限の構成で利用開始が可能
ランニングコスト	●ハードウェアおよびソフトウェアの保守契約はベンダーと個別に締結する必要がある ●データセンターや自社サーバルーム等、設置場所の施設のスペース代や電気代が必要	●使用分に対する従量課金 ●クラウドサービスベンダーのサービスに含まれていないソフトウェアの保守契約は、ベンダーと個別に締結する必要がある ●設置場所の施設のスペース代や電気代は不要

図表1：オンプレミス環境とクラウド環境の初期コストとランニングコストの比較

したがって、経営層の「カネ」の観点に対する質問については、どのようなコストがどれだけかかるかを見積もったうえで、次のような回答を行うことが想定されます。

▌回答例

「当社のクラウドサービス利用形態は○○であり、1か月あたりxxインスタンスをxxx時間の使用に限定することにより、ランニングコストは月額￥xxxの見積もりに抑えています。これをオンプレミス環境で構築した場合のハードウェア購入費用￥xxxxとランニングコストの￥xxxxと比較

75

すると¥-xxxxとなります。したがって年間¥-xxxxの費用削減効果が見込まれます」

Q：クラウド環境を使うとなった場合、既存のシステムやデータセンターはどうするのか？

　経営層は自社資産である既存のシステムやデータセンターの位置づけをどのようにするか、「モノ」としての観点からも質問するでしょう。

　新しいシステムを提案した際には、既存システムにどのような影響を及ぼすのかも事前に検討されているはずです。こちらはクラウド環境の利用時に限った話ではなく、オンプレミス環境であっても同様ですので、この質問に対する回答は準備されていると思いますが、仮に既存システムが不要になるのであれば、特にハードウェア類は、除却する、他システムに転用するなど、資産の利活用を明確にしておく必要があります。さらに、設置場所のスペースを返却してスペース代や電気代を削減するなど、ここでもコストメリットをアピールすることが可能です。

　したがって、「モノ」の観点からの質問には次のような回答を行うことが想定されます。

回答例

　「既存のシステムは使用しなくなるので除却します。その結果、データセンターのスペースを返却することにより、月額¥xxxの費用削減となります」

もしくは、

　「既存のシステムは、ハードウェアのリソース不足となっている○○システムの増強用に転用します」

Q：クラウド環境を使う場合、今の要員・体制で対応できるのか？

　経営層にとっては、人材育成計画や要員配置計画など「ヒト」に関することも重要な観点です。

　クラウド環境を利用するにも関わらず、それらのシステムを使いこなせないといった状況に陥らないようにするためにも、自社でクラウドスキルを保有した要員を確保することは重要になってきます。スキル育成計画を作成し、いつまでにどれくらいの要員を育成するかを明確にしておくと、経営層は安心するでしょう。クラウドサービスベンダー側も、クラウドに関する研修サービスを提供しており、その中にはオンラインで無償の研修もありますので、それらを活用するのもよいでしょう。

　また、要員配置計画については、クラウド環境を専門的に担当するチームの組成や既存人員の配置換えも検討し、クラウドネイティブ時代の到来を見据えた組織構成にすることも選択肢の1つです。

　なお、全てのスキルを自社で賄うのではなく、クラウドサービスベンダーによるサポートを活用するということも考えられます。各クラウドサービスベンダーは、企業側の必要なレベルに応じて、様々なサポートプランを用意しています。自社に見合ったレベル（料金はそれぞれ異なる）のサポートを選択することによって、これらの不安は解消されると思います。

　したがって、「ヒト」に対する経営層からの質問には次のような回答を行うことが想定されます。

回答例

　「クラウド専門チームを組成し、クラウドサービスベンダーの○○研修を受講して、xx名のクラウドスペシャリストをx年以内に育成する計画を立てています。また、不足しているスキル部分は○○サポート契約によってクラウドサービスベンダーからのサポートを受ける予定です」

Q：自社の重要な情報を、クラウドに預けても大丈夫なのか？

　このような質問は経営層からよく聞かれます。ビジネス上の目標を達成したとしても、情報の改ざんや情報漏洩、システム停止が発生してしまっては、自社だけではなく顧客にも迷惑をかけることになり、多大な損害を招いてしまいます。このようなセキュリティ事故が発生するリスクがある「情報」についても、経営層にとっては不安材料の１つでしょう。特にクラウドサービス（パブリッククラウド）は、基本的にインターネット経由のサービスであるということが理由の１つとして挙げられます。

　この点については情報セキュリティのCIA（機密性：Confidential、完全性：Integrity、可用性：Availability）の観点から解説いたします。

機密性と完全性

　まず機密性（Confidential）と完全性（Integrity）の観点です。クラウドサービス利用時にインターネット回線を流れる情報は、SSLもしくはVPNの技術で保護されています。SSLは暗号化、VPNは無関係な第三者が入り込めないようにネットワークを設定するもので、これらを利用することで情報が盗聴されるリスクを排除しています。また、クラウドサービスベンダーの中には、インターネット回線ではなく、専用線接続サービスを提供しているベンダーもありますので、インターネット接続そのものがリスクであると判断される場合は、そのようなサービスを利用することも選択肢の１つになります。

　それ以外にも、クラウドサービスベンダーはセキュリティ対策に積極的な投資をしています。クラウドサービスベンダーにとっても、クラウドのセキュリティ事故の発生は死活問題であるため、当然堅牢なセキュリティ対策を講じており、セキュリティに係る第三者認証を取得しているベンダーも数多くあります。

　利用企業側としても、利用しているクラウドサービスでどのようなセキュリティ対策が実施されていて、自社で規定したセキュリティ要件をどれだけ満たしているのかを把握しておく必要があります。特に、利用企業側の責任範囲となっている領域については、クラウドサービスベンダーの

対策に依拠できず、自社のセキュリティ要件を満たした主体的な管理・運用が実施される必要があります。

　完全性（情報を改ざんされないこと）の観点をより掘り下げると、例えばバックアップを取得しておき、人為的ミスによる削除や変更があった場合に元のデータを復元可能にしておくことが有用です。また、利用しているクラウドサービスの各種ログを取得し、何らかの不具合が発生した際に、原因を発見できるようにしておくことも対応策となります。

　一方で、こういった個別の統制に係る検討のほかにも、組織内での管理体制およびルール整備と運用が必要であり、ここにはオンプレミス環境とクラウド環境の違いはありません。

　それらを踏まえて、「情報」の機密性と完全性に関する回答例は次の通りです。

▌回答例

　「利用するクラウドサービスベンダーは○○○のセキュリティ認証を取得しており、自社の『○○セキュリティ規定に記載されている要件も満たしています。また、自社の『○○セキュリティ規程』に基づき、自社責任範囲のOS、ミドルウェア、アプリケーション等のセキュリティを設定するので、情報の漏洩や改ざんへの対策はできています」

▌可用性

　最後に可用性（Availability）の観点です。経営層としてはクラウド環境が停止した場合、必要な情報が利用できない、もしくは失われてしまうリスクがあることを懸念していると思います。

　まず、クラウドサービスが停止してしまうリスクについては、参考になるのがSLA（Service Level Agreement）を介した稼働率の保証です。SLAとは、サービスの稼働実績や稼働率等について、サービスの信頼性を担保するものとして水準を定義・合意する際に用いられるものです。各クラウドサービスベンダーはサービス単位でSLAを定義しているので、それ

らを用いて経営層に安定性をアピールすることができます（なお、災害に起因するシステム停止はSLAの免責事項となっているケースが多いため、注意が必要です）。

一方、クラウドサービス上の自社設定環境に対する障害検知とその対応は、原則として、利用企業側の責任となります。クラウドサービスベンダー側から発表される障害状況を確認し、社内外の自社システムを利用するユーザーに対して告知等をすることや、自社設定環境のシステムの障害検知の仕組みを構築して対応することは、あくまでも利用企業側が主体的に取り組むべき事項です。災害対策についても、クラウドサービスベンダー側から多数の機能が提供されていますが、それらの機能を組み合わせて自社の災害対策要件を満たす環境を構築するのも利用企業側の責任になります。もちろん、完全性の観点でも記載した通り、バックアップを取得しておくことも重要なポイントになります。

このように書くと、「利用企業側の負担が多いのではないか？」と思われるかもしれませんが、「ヒト」の観点の質問でも記載したように、各クラウドサービスベンダーは、様々なサポートプランを用意しています。ここまでに記載した対応と組み合わせることで、不安は解消されると思います。

それらを踏まえ、「情報」の可用性に対する質問についての回答例は次のようになります。

回答例

「利用しているクラウドサービスはSLAで99.xx%の可用性が保証されています。クラウドサービスベンダーのデータセンター自体が被害を受けるような災害が発生した際は、〇〇〇〇の対策を実施しています。また、システム単体の障害発生時には〇〇によって冗長構成をしており、xxの頻度でバックアップを取得する対策を実施しています」

第9章のまとめ

　クラウド環境を利用する際には、ビジネス目標への貢献度を説明し、想定されているリスクとそれらへの対策がとられていることを、経営層に説明できるよう準備しておくことを強く推奨します。

　将来的には、経営層から逆に「オンプレミス環境のままで大丈夫か？」と質問されることもあるかもしれません。その場合も同様に、ビジネスへの貢献度とリスクを端的に説明し、オンプレミス環境の継続、もしくはクラウドへの移行を経営層に向けて提案できることが理想的です。

　次章では、ここまでに記載したクラウド利活用上のリスクを総括したうえで、これらをどのように管理していくべきかについて解説します。

第10章

クラウドを利用しないことが
リスクになる時代！
リスクを正しく理解し、
積極的に使いこなす

これまで9章にわたって、クラウドサービスを利活用するにあたって検討すべきリスクと、その対応策について論じてきました。企業戦略として、外部委託先管理として、セキュリティ管理として、コンプライアンスとして、そのリスク領域が多岐にわたることをご理解いただけたかと思います。最終章となる本章では、本書の総括として、クラウドサービスの利活用に伴うリスクを改めて整理するとともに、そのリスク評価を「どのタイミングで」「誰が」「どのように」実施していくべきかについて「マルチクラウド」を意識しながら論じます。

クラウドサービス利活用上のリスク

1. クラウドサービスに係るリスク領域（概要）

　まずは、これまで本書で紹介してきた内容も踏まえながら、クラウドサービス利活用上で検討すべきリスク観点（分類）について図表1にまとめました。

リスク領域	対象リスク（例）
戦略リスク	・採用クラウド（マルチクラウド）の選択（組み合わせ）を誤るリスク ・クラウド事業者の急な撤退や、逆に囲い込みをされるリスク ・自社環境との障壁により、商品/サービスの市場投入が遅れるリスク　等
ビジネスリスク	・QCD（品質・コスト・期日）面で期待した効果が得られないリスク ・他社との差別化が図りづらくなるリスク（サービス陳腐化リスク）等
セキュリティリスク	・CIA（機密性・完全性・可用性）観点でのセキュリティ脆弱性が発現するリスク ・大規模障害発生時等における風評被害リスク　等
コンプライアンスリスク	・証拠提出命令と電子的証拠開示　（捜査による没収等） ・司法権の違いに伴うリスク（国外の法律の影響を受ける等） ・データ保護（個人情報含む）に関するリスク　等

図表1：クラウドサービス利活用上のリスク分類例

　各領域ともに相互に関係し、かつ一部重複するものもありますが、大別すると「戦略」「ビジネス」「セキュリティ」「コンプライアンス」の4つに分類されると考えます。それぞれのリスク領域は、その内容だけではなく検討するタイミングも実施者も異なりますが、リスクを網羅的に把握

するためにも、まずは全体的なリスクの棚卸しを実施することをおすすめします。

2. クラウドサービスに係る各リスク領域について

戦略リスク

　クラウドサービス利活用の方針がそもそも誤ってしまうリスクです。オンプレミス／クラウドサービスでの捉え方もあれば、クラウドサービス間での捉え方もあります。

　クラウドサービスの採用は往々にして企業戦略（IT戦略含む）そのものであり、特にIaaS型やPaaS型といった企業基盤そのものに影響を与える形態であれば、判断を誤った場合の影響は甚大となります。その一方で、導入メリットを最大化するため、採用するクラウドサービスベンダーについてある程度まで絞り込みを行うといった傾向が存在します。つまりクラウドサービスを効率的・効果的に導入しようとすればするほど、そのリスクも増大していくということになります。

　また、クラウド上で自社開発アプリケーションを稼働させる場合などは、自社環境にそのまま構築することと比較して一部制約（システム間接続や大量情報のアップロード等）もあるため、結果として、商品・サービスの市場投入が遅れるといったリスクも存在します。

　企業戦略として、オンプレミスと複数のクラウドサービスをどのように組み合わせ、どのように受容できるレベルまでリスクをコントロールするのか、大きな視点での検討・分析・判断が求められます。

ビジネスリスク

　クラウドサービス利活用の効果が想定通りに得られないリスクです。主にQCD（品質・コスト・期日）の観点で捉えると分かりやすいと思います。

85

クラウドサービス（特にパブリッククラウド）は、究極的に言えば、共同利用によるスケールメリットを活かすことを目的としたものであると考えます。ベンダーによって研究・構築された最先端のシステムや機器、大量購入と管理の一元化によってもたらされるリーズナブルなコスト、「使いたい時、使いたい量だけ使える」スピーディかつオンデマンド形式での利用など、QCDの観点でのメリットは非常に大きいです。

　一方、使い方を誤った場合のコスト増加や、画一的サービスに伴う自社の業務プロセスとの整合確保の困難性など、注意すべきポイントが多々あります。また、戦略リスクとも一部重なりますが、他社と差別化を図るべき業務上の自社コア領域や、自社にとってプロセスの変更が難しい領域については、前述したクラウド特有の性質によって悪影響を被る可能性があります。

　クラウドサービスを利活用する際、QCDの観点できちんとメリットが得られるかを丁寧に検証するとともに、それが自社の競争優位や固有プロセスを阻害しないかの検証が求められます。

セキュリティリスク

　クラウドサービス利活用に伴いセキュリティ上の問題が発生してしまうリスクです。主にCIA（機密性・完全性・可用性）の観点で捉えることが一般的であると考えます。

　クラウドサービスの利活用とセキュリティは切っても切り離せない関係です。「クラウドサービスから情報が漏れないか」「クラウドサービス上の情報が改ざんされないか」「クラウドサービスが止まらないか」等々、クラウドサービスに対してセキュリティ上の懸念を持つ方は、いまだに多くいらっしゃると思います。

　一方でこれまで本書で言及してきた通り、オンプレミスと比較して必ずしもクラウドサービスのセキュリティが劣るというわけではなく、クラウド特有のセキュリティリスクを「見える化」したうえで対応を検討すればクリアできる課題でもあります。クラウド特有のセキュリティ上のリスク

を棚卸しし、それを自社／クラウドサービスベンダー双方の視点から、お互いの責任領域（責任分界点）を見極めながら、対応策を検討・整理することが求められます。特に可用性の観点において、障害／災害時の対応プロセスの評価・構築が肝要です。

コンプライアンスリスク

クラウドサービス利活用において発生する法的リスク（コンプライアンスリスク）です。大きくクラウドサービスの利用契約で担保すべきものと、クラウドサービスの利用に伴い自社側で対策を検討するものという2つのパターンがあると考えます。

前者としては、図表1にも挙げたような係争時での管轄裁判所の場所に関する取り決めや、クラウドサービスの解約を行うために必要な事前申請期間などが挙げられます。第4章でも言及したように、業務委託契約と利用許諾の両形態に対応できるような準備が望ましいと考えます。

後者としては、個人情報保護法やSOX法といったオーソドックスなものから、別会社が原因で自社が同居するクラウドサービスベンダーのサーバが差し押さえられてしまった際の想定対応など、幅広く検討を行う必要があります。

コンプライアンス部門が関与しながら、クラウドサービスを利用する際の法的なリスクを事前に検討し、対策を練ることが求められます。

クラウドサービスのリスク評価

1. クラウドサービスのリスク評価（実施タイミング）

ここからは、前述した各種クラウドサービス利用上のリスクについて、「どのタイミングで」「誰が」「どのように」そのリスクを評価していくかについて整理します。まずは「タイミング」の観点で整理したものが図表2となります。

87

リスク領域	評価のタイミング			
	①戦略策定時	②導入検討時	③導入時	④保守運用時
戦略リスク	○	―	―	△
ビジネスリスク	△	○	○	○
セキュリティリスク	△	○	○	○
コンプライアンスリスク	△	○	―	△

図表2：クラウドサービス利活用上のリスク評価タイミング例

　これはクラウドサービスのリスク評価タイミングを大きく「①戦略策定時」「②導入検討時」「③導入時」「④保守運用時」の4段階に分け、それぞれのリスク領域とマッピングしたものです。

①戦略策定時

　まさしく企業としてクラウド採否の基本方針を検討するフェーズであり、戦略リスクが主対象となります。ただし他のリスクも包括して検討することにもなりますので、あらゆるリスクを幅広く検討するプロセスはこちらとなります。

②導入検討時

　クラウド戦略を踏まえ、個々の基盤やシステムの構築・更改に際し、具体的にどのクラウドサービスを使って、どのように実現するかを検討するフェーズであり、戦略リスク以外ほぼ全てのリスクが対象となります。チェックリストを使用して、クラウドサービス（ベンダー）を詳細に評価するプロセスはこちらとなります。

③導入時

　実際にクラウドサービスを踏まえた基盤・システムの設計・実装を行うフェーズであり、期待通りの結果が果たされるかを検証しながら進めていくという観点のビジネスリスクと、セキュリティ要件が実装されるかを検証しながら進めていくという観点のセキュリティリスクが対象となりま

す。各種リスクへの詳細な対応策の実装状況を評価するプロセスはこちらとなります。

④保守運用時

　クラウド導入後のフェーズであり、基本的に全てのリスクが対象とはなりますが、主なものはビジネスリスクとセキュリティリスクになると考えます。内外環境の変化に伴い変動する要素を捉えて定期的に評価を行うプロセスはこちらとなります。

2. クラウドサービスのリスク評価（実施者、実施方法）

　次に各種リスク評価を「誰が」「どのように」行うかについて整理します（図表3）。

リスク領域	評価実施者（例）		評価方法（例）	
	実施者	統括者	枠組み	アウトプット
戦略リスク	企画部門（経営/IT）	取締役会	戦略検討会議	中長期計画
ビジネスリスク	利用部門	外部委託先管理部門	外部委託先評価	外部委託先チェックシート
セキュリティリスク	利用部門	セキュリティ管理部門	セキュリティ評価	セキュリティ評価シート
コンプライアンスリスク	利用部門	コンプライアンス部門	コンプライアンス評価	コンプライアンス評価シート

図表3：クラウドサービス利活用上のリスク評価実施者／方法例

戦略リスク

　経営企画部門やIT企画部門といった企業戦略を考案する部署が主体となって検討し、取締役会等によって管理・決定されることが多いと思います。特に決まった評価のフレームワークがあるわけではなく、導入メリットと各種リスクを総合的に勘案しながら検討し、中長期計画のような形で整理されるのが一般的です。

ビジネスリスク

　まずは利用部門が一次評価を行い、それを外部委託先管理部門が確認・検証するという枠組みがよく使われます。既存の外部委託先評価チェック

89

シートにクラウドサービス特有の点検項目を設けて対応していくのが一般的と考えます。

セキュリティリスク

　ビジネスリスクと同様に利用部門が一次評価を行い、それをセキュリティ管理部門が確認・検証するという枠組みが用いられます。クラウド特有のセキュリティ評価シートを準備し、自社／クラウドサービスベンダー側の責任分界点を踏まえて点検項目を設けます。また、外部委託先評価の枠組みにおいては、ここで詳細に評価したものを添付し、活用する場合もあります。

コンプライアンスリスク

　これも利用部門が一次評価を行い、それをコンプライアンス部門が確認・検証するというプロセスがあるべき姿だと考えます。ただ、実際にはコンプライアンス領域は範囲が広いので、契約書チェックをコンプライアンス部門が行い、それ以外の項目は外部委託先管理の枠組みで総合的に評価するという形式のほうが一般的です。

第10章および本書のまとめ

　ここまでの整理で、クラウドサービス利活用に伴うリスク領域／評価方法（タイミング／実施者／実施方法）について理解できたと思います。それでは、本書の総括として、これらリスクに対し、マルチクラウドという観点を踏まえ、どのように対応していくべきかの考え方について、大きく3つ示します。

　まずお伝えしたいのは「クラウド特有のリスクを個別に識別し管理する必要がある」ということです。管理の枠組みそのものは既存のものを活用できますが、そのリスク内容や統制は、やはりクラウド特有のものが多々存在するため、何かしらの検討と対策が必要になるということです。

　2つ目は「クラウドを利活用するということは、様々な選択肢を組み合わせる必要がある」ということです。もちろん全てのIT基盤を1つのクラ

ウドに載せるという選択肢もありますが、やはり適材適所をイメージした「最適化」の観点がクラウド利活用には必要となってきます。「オンプレミスとクラウド」「AクラウドとBクラウド」「IaaSとPaaSとSaaS」「プライベートクラウドとパブリッククラウド」など、様々な比較軸を踏まえながら「マルチクラウド」を実現する必要があるということです。

　最後に、本書『マルチクラウド時代のリスクマネジメント入門』で最もお伝えしたかったことは「クラウドのリスクを正しく理解して、積極的に使いこなすべき」ということです。クラウドサービスの利活用を行わないこと、少なくとも検討すらしないこと自体がリスクであるという時代がやってきています。

　本書ではクラウド利活用に関する様々なリスクと、その対応策について言及してきました。リスクは、裏返せば、それをコントロールできれば利活用しても問題ないと読み替えることができます。ぜひ「マルチクラウド」と「リスクマネジメント」という2つのキーワードを踏まえて、自社のクラウド利活用を積極的に推進していっていただければと思います。

執筆者一覧

■第1章、第3章、第4章、第7章、第10章担当
宮脇　篤史（みやわき　あつし）
KPMGコンサルティング株式会社　ディレクター
国内システムインテグレーターにて業務用システムの企画・開発・運用および一連の管理業務に従事した後、2006年にKPMGビジネスアシュアランス（現KPMGコンサルティング）に入社。同社にてシステムリスク管理態勢の構築支援やシステム導入プロジェクト管理、システムの内部・外部監査支援など、情報システムに係るリスクコンサルティング関連業務に多数従事。クラウドに関しても、主にリスクマネジメントの視点から企業の導入推進を支援中。

■第2章担当
村杉　達彦（むらすぎ　たつひこ）
KPMGコンサルティング株式会社　マネジャー
国内システムインテグレーターにてWebシステムの開発に従事したのち、監査法人系ファームおよび同監査法人にて、会計監査の一環としてのシステム監査、各種保証業務のほか、金融機関に対してのシステムリスク管理態勢の評価、インターネットバンキングに対するセキュリティレビュー、内部システム監査支援、US/J-SOX対応のための内部統制構築支援等の多数のアドバイザリー業務の経験を有する。2016年より現職。現在も金融機関に対する内部統制構築支援や外部委託管理態勢構築支援等に従事。

■第5章担当
関本　勘楠（せきもと　かんな）
KPMGコンサルティング株式会社　マネジャー
国内システムインテグレーターおよび証券会社のシステム部門にて業務用システムの企画・開発・運用に従事した後、2012年にKPMGビジネスアドバイザリー（現KPMGコンサルティング）に入社。システムリスク管理態勢の構築支援やシステムの内部・外部監査支援、情報セキュリティ監査支

援、GDPRに準拠した管理態勢の構築支援など、情報システムに係るリスクコンサルティング関連業務に多数従事。

■第6章担当
西岡　育馬（にしおか　いくま）
KPMGコンサルティング株式会社　マネジャー
外資系IT企業にて、データセンター管理、B2B向けクラウドサービス基盤の設計・開発・運用、金融機関に対する大規模システム更改案件のプロジェクト管理等に多数従事した後、2014年にKPMGビジネスアドバイザリー（現KPMGコンサルティング）に入社。同社にて、製造業に対する内部監査の企画・実行支援、CSR関連規制対応支援、公共機関に対するマイナンバー制度対応支援、および金融機関に対するシステム監査支援、ITサービス標準化支援、プロジェクトリスク管理支援等のアドバイザリー業務に多数従事。

■第8章担当
宮崎　純亘（みやざき　よしのり）
KPMGコンサルティング株式会社　マネジャー
大手総合電機メーカーにて、プラズマディスプレイの制御ソフト開発に従事。金融システム部門に異動後は、地方銀行向けのクラウド事業（SaaS）関連部署にて、銀行アカウント、プロジェクトマネジメント、セキュリティ、アライアンス締結などに従事。KPMGコンサルティング入社後、クラウドへのシステム移行に関わるリスク評価、金融機関の大型システム統合プロジェクト支援等、ITシステムに係るリスクコンサルティング関連業務に多数従事。

■第9章担当
浅岡　優介（あさおか　ゆうすけ）
KPMGコンサルティング株式会社　マネジャー
外資系ITベンダーのアウトソーシング部門にて、顧客ITシステムの構築・運用業務に従事した後、2014年にKPMGコンサルティングに入社。同社にてシステムリスク管理態勢の高度化支援やBCP策定支援など、情報システ

ムに係るリスクコンサルティング関連業務に従事。クラウドに関しても、主に構築・運用面のシステムリスク視点から企業の導入推進を支援中。

■全体監修
熊谷 堅（くまがい　けん）
KPMGコンサルティング株式会社　パートナー
生命保険会社の情報システム部門にてシステム開発に従事した後、他コンサルティングファームを経て2002年にKPMGコンサルティングに入社。金融機関等における情報管理態勢、情報セキュリティやシステム運用管理などシステムリスク管理態勢構築・評価業務のほか、業務改善やコンプライアンス対応等幅広い分野でコンサルティング業務に従事する。KPMGジャパン FinTech推進支援室メンバー。

●本書について

本書は、EnterpriseZine (https://enterprisezine.jp/) で、2018年3月から2019年2月まで10回にわたって連載された「マルチクラウド時代のリスクマネジメント入門」をまとめて加筆・修正したものです。
本書は、2019年3月8日に発行した電子書籍版をもとに制作したものです。

▼連載記事一覧

https://enterprisezine.jp/article/corner/458

制作協力　株式会社トップスタジオ (https://www.topstudio.co.jp) ＋ VersaType Converter

マルチクラウド時代のリスクマネジメント入門

2019年 6月21日　初版第1版発行（オンデマンド印刷版 ver.1.0）

著　　　者	KPMG コンサルティング株式会社
発 行 人	佐々木 幹夫
発 行 所	株式会社 翔泳社 (https://www.shoeisha.co.jp)
印刷・製本	大日本印刷

©2019 KPMG Consulting Co., Ltd.

本書は著作権法上の保護を受けています。本書の一部または全部について（ソフトウェアおよびプログラムを含む）、株式会社 翔泳社から文書による許諾を得ずに、いかなる方法においても無断で複写、複製することは禁じられています。

本書へのお問い合わせについては、2ページに記載の内容をお読みください。
乱丁・落丁はお取り替えいたします。03-5362-3705 までご連絡ください。

ISBN978-4-7981-6297-3　　　　　　　　　　　　　　　　　　　Printed in Japan